龙泉宝剑锻制技艺

龙泉宝剑锻制技艺

总主编 杨建新

浙江省非物质文化遗产代表作丛书

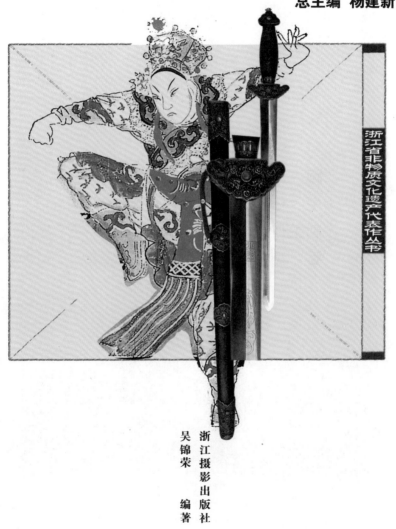

浙江摄影出版社

吴锦荣 编著

总 序

浙江省人民政府省长　吕祖善

　　中华传统文化源远流长，多姿多彩，内涵丰富，深深地影响着我们的民族精神与民族性格，润物无声地滋养着民族世代相承的文化土壤。世界发展的历程昭示我们，一个国家和地区的综合实力，不仅取决于经济、科技等"硬实力"，还取决于"文化软实力"。作为保留民族历史记忆、凝结民族智慧、传递民族情感、体现民族风格的非物质文化遗产，是一个国家和地区历史的"活"的见证，是"文化软实力"的重要方面。保护好、传承好非物质文化遗产，弘扬优秀传统文化，就是守护我们民族生生不息的薪火，就是维护我们民族共同的精神家园，对增强民族文化的吸引力、凝聚力和影响力，激发全民族文化创造活力，提升"文化软实力"，实现中华民族的伟大复兴具有重要意义。

　　浙江是华夏文明的重要之源，拥有特色鲜明、光辉灿烂的历史文化。据考古发掘，早在五万年前的旧石器时代，就有原始人类在这方古老的土地上活动。在漫长的历史长河中，浙江大地积淀了著名的"跨湖桥文化"、"河姆渡文化"和"良渚文化"。浙江先民在长期的生产生活中，创造了熠熠生辉、弥足珍贵的物质文化遗产，也创造了丰富多彩、绚丽多姿的非物质文化遗产。在2006年国务院公布的第一批国家级非物质文化遗产名录中，我省项目数量位居榜首，充分反映了浙江非物质文化遗产的博大精深和独特魅力，彰显了浙江深厚的文化底蕴。留存于浙江大地的众多非物质遗产，是千百年来浙江人民智慧的结晶，是浙江地域文化的瑰宝。保护好世代相传的浙江非物质文化遗产，并努力发扬光大，是我们这一代人共同的责任，是建设文化大省的内在要求和重要任务，对增强我省"文化软实力"，实施"创业富民、创新强省"总战略，建设惠及全省人民的小康社会意义重大。

浙江省委、省政府和全省人民历来十分重视传统文化的继承与弘扬，重视优秀非物质文化遗产的保护，并为此进行了许多富有成效的实践和探索。特别是近年来，我省认真贯彻党中央、国务院加强非物质文化遗产保护的指示精神，切实加强对非物质文化遗产保护工作的领导，制定政策法规，加大资金投入，创新保护机制，建立保护载体。全省广大文化工作者、民间老艺人，以高度的责任感，积极参与，无私奉献，做了大量的工作。通过社会各界的共同努力，抢救保护了一大批浙江的优秀非物质文化遗产。"浙江省非物质文化遗产代表作丛书"对我省列入国家级非物质文化遗产名录的项目,逐一进行编纂介绍,集中反映了我省优秀非物质文化遗产抢救保护的成果,可以说是功在当代、利在千秋。它的出版对更好地继承和弘扬我省优秀非物质文化遗产,普及非物质文化遗产知识,扩大优秀传统文化的宣传教育,进一步推进非物质文化遗产保护事业发展,增强全省人民的文化认同感和文化凝聚力,提升我省"文化软实力",将产生积极的重要影响。

党的十七大报告指出,要重视文物和非物质文化遗产的保护,弘扬中华文化,建设中华民族共有的精神家园。保护文化遗产,既是一项刻不容缓的历史使命,更是一项长期的工作任务。我们要坚持"保护为主、抢救第一、合理利用、传承发展"的保护方针,坚持政府主导、社会参与的保护原则,加强领导,形成合力,再接再厉,再创佳绩,把我省非物质文化遗产保护事业推上新台阶,促进浙江文化大省建设,推动社会主义文化的大发展大繁荣。

2008年4月8日

前 言

总主编　杨建新

　　"浙江省非物质文化遗产代表作丛书"即将陆续出版了，看到多年来我们为之付出巨大心力的非物质文化遗产保护成果以这样的方式呈现在世人面前，我和我的同事们乃至全省的文化工作者都由衷地感到欣慰。

　　山水浙江，钟灵毓秀，物华天宝，人文荟萃。我们的家乡每一处都留存着父老乡亲的共同记忆。有生活的乐趣、故乡的情怀，有生命的故事、世代的延续，有闪光的文化碎片、古老的历史遗存。聆听老人口述那传讲了多少代的古老传说，观看那沿袭了多少年的传统表演艺术，欣赏那传承了多少辈的传统绝技绝活，参与那流传了多少个春秋的民间民俗活动，都让我深感留住文化记忆、延续民族文脉、维护精神家园的意义和价值。这些从先民们那里传承下来的非物质文化遗产，无不凝聚着劳动人民的聪明才智，无不寄托着劳动人民的情感追求，无不体现了劳动人民在长期生产生活实践中的文化创造。

　　然而，随着现代化浪潮的冲击，城市化步伐的加快，生活方式的嬗变，那些与我们息息相关从不曾须臾分开的文化记忆和民族传统，正在迅速地离我们远去。不少巧夺天工的传统技艺后继乏人，许多千姿百态的民俗事象濒临消失，我们的文化生态从来没有像今天那样面临岌岌可危的境况。与此同时，我们也从来没有像今天那样深切地感悟到保护非物质文化遗产，让民族的文脉得以延续，让人们的精神家园不遭损毁，是如此的迫在眉睫，刻不容缓。

正是出于这样的一种历史责任感，在省委、省政府的高度重视下，在文化部的悉心指导下，我省承担了全国非物质文化遗产保护综合试点省的重任。省文化厅从2003年起，着眼长远，统筹谋划，积极探索，勇于实践，抓点带面，分步推进，搭建平台，创设载体，干在实处，走在前列，为我省乃至全国非物质文化遗产保护工作的推进，尽到了我们的一份力量。在国务院公布的第一批国家级非物质文化遗产名录中，我省有四十四个项目入围，位居全国榜首。这是我省非物质文化遗产保护取得显著成效的一个佐证。

我省列入第一批国家级非物质文化遗产名录的项目,体现了典型性和代表性,具有重要的历史、文化、科学价值。

白蛇传传说、梁祝传说、西施传说、济公传说,演绎了中华民族对于人世间真善美的理想和追求,流传广远,动人心魄,具有永恒的价值和魅力。

昆曲、越剧、浙江西安高腔、松阳高腔、新昌调腔、宁海平调、台州乱弹、浦江乱弹、海宁皮影戏、泰顺药发木偶戏,源远流长,多姿多彩,见证了浙江是中国戏曲的故乡。

温州鼓词、绍兴平湖调、兰溪滩簧、绍兴莲花落、杭州小热昏,乡情乡音,经久难衰,散发着浓郁的故土芬芳。

舟山锣鼓、嵊州吹打、浦江板凳龙、长兴百叶龙、奉化布龙、余杭滚灯、临海黄沙狮子,欢腾喧闹,风貌独特,焕发着民间文化的活力和光彩。

东阳木雕、青田石雕、乐清黄杨木雕、乐清细纹刻纸、西泠印社金石篆刻、宁波朱金漆木雕、仙居针刺无骨花灯、硖石灯彩、嵊州竹编，匠心独具，精美绝伦，尽显浙江"百工之乡"的聪明才智。

龙泉青瓷、龙泉宝剑、张小泉剪刀、天台山干漆夹纻髹饰、绍兴黄酒、富阳竹纸、湖笔，传承有序，技艺精湛，是享誉海内外的文化名片。

还有杭州胡庆余堂中药文化，百年品牌，博大精深；绍兴大禹祭典，彰显民族精神，延续华夏之魂。

上述四十四个首批国家级非物质文化遗产项目，堪称浙江传统文化的结晶，华夏文明的瑰宝。为了弘扬中华优秀传统文化，传承宝贵的非物质文化遗产，宣传抢救保护工作的重大意义，浙江省文化厅、省财政厅决定编纂出版"浙江省非物质文化遗产代表作丛书"，对我省列入第一批国家级非物质文化遗产名录的四十四个项目，逐个编纂成书，一项一册，然后结为丛书，形成系列。

这套"浙江省非物质文化遗产代表作丛书"，定位于普及型的丛书。着重反映非物质文化遗产项目的历史渊源、表现形式、代表人物、典型作品、文化价值、艺术特征和民俗风情等，具有较强的知识性、可读性和权威性。丛书力求以图文并茂、通俗易懂、深入浅出的方式，展现非物质文化遗产所具有的独特魅力，体现人民群众杰出的文化创造。

我们设想，通过本丛书的编纂出版，深入挖掘浙江省非物质文化遗产代表作的丰厚底蕴，盘点浙江优秀民间文化的珍藏，梳理它们的传承脉络，再现浙江先民的生动故事。

丛书的编纂出版，既是为我省非物质文化遗产代表作树碑立传，更是对我省重要非物质文化遗产进行较为系统、深入的展示，为广大读者提供解读浙江灿烂文化的路径，增强浙江文化的知名度和辐射力。

文化的传承需要一代代后来者的文化自觉和文化认知。愿这套丛书的编纂出版，使广大读者，特别是青少年了解和掌握更多的非物质文化遗产知识，从浙江优秀的传统文化中汲取营养，感受我们民族优秀文化的独特魅力，树立传承民族优秀文化的社会责任感，投身于保护文化遗产的不朽事业。

"浙江省非物质文化遗产代表作丛书"的编纂出版，得到了省委、省政府领导的重视和关怀，各级地方党委、政府给予了大力支持；各项目所在地文化主管部门承担了具体编纂工作，财政部门给予了经费保障；参与编纂的文化工作者们为此倾注了大量心血，省非物质文化遗产保护专家委员会的专家贡献了多年的积累；浙江摄影出版社的领导和编辑人员精心地进行编审和核校；特别是从事普查工作的广大基层文化工作者和普查员们，为丛书的出版奠定了良好的基础。在此，作为总主编，我谨向为这套丛书的编纂出版付出辛勤劳动，给予热情支持的所有同志们，表达由衷的谢意！

由于编纂这样内容的大型丛书，尚无现成经验可循，加之时间较紧，因而在编纂体例、风格定位、文字水准、资料收集、内容取舍、装帧设计等方面，不当和疏漏之处在所难免。诚请广大读者、各位专家不吝指正，容在以后的工作中加以完善。

我常常想，中华民族的传统文化是如此的博大精深，而生命又是如此短暂，人的一生能做的事情是有限的。当我们以谦卑和崇敬之情仰望五千年中华文化的巍峨殿堂时，我们无法抑制身为一个中国人的骄傲和作为一个文化工作者的自豪。如果能够有幸在这座恢弘的巨厦上添上一块砖一张瓦，那是我们的责任和荣耀，也是我们对先人们的告慰和对后来者的交代。保护传承好非物质文化遗产，正是这样添砖加瓦的工作，我们没有理由不为此而竭尽绵薄之力。

值此丛书出版之际，我们有充分的理由相信，有党和政府的高度重视和大力推动，有全社会的积极参与，有专家学者的聪明才智，有全体文化工作者的尽心尽力，我们伟大祖国民族民间文化的巨厦一定会更加气势磅礴，高耸云天！

2008年4月8日

（作者为浙江省文化厅厅长、浙江省非物质文化遗产保护工程领导小组组长）

目录

概述

龙泉宝剑是中华古兵器的代表之一，是中国文化与艺术的精粹，我国传统工艺美术百花园中的一朵奇葩。今天，它不仅是人们武术健身和鉴赏收藏的艺术品，因而备受人们的珍爱。

概 述

　　龙泉这个地方，也许并不十分有名，但若提起龙泉宝剑、七星剑，相信世人皆知。古人说"山不在高，有仙则名；水不在深，有龙则灵"，龙泉自古出产龙泉宝剑，被称为"宝剑之乡"，是一个神奇的地方。

　　龙泉位于浙江省西南部的浙、闽、赣交界处，境内层峦叠嶂，林海苍茫，以"浙南林海"著称。山有海拔1929米的江浙最高峰黄茅尖，水有瓯江、闽江、钱塘江的三江之源。全市面积3059平方公里，总人口28万。龙泉历史悠久，人文积淀

龙泉远眺。这就是龙泉山川，涵蕴霓虹青芒的地方

◎龙泉宝剑是中华古兵器的代表之一，是中国文化与艺术的精粹，我国传统工艺美术百花园中的一朵奇葩。今天，它不仅是人们武术健身的器械，也是居家装饰的吉祥物，馈赠亲友和鉴赏收藏的艺术品，因而备受人们的珍爱。

厚重，是浙江省历史文化名城，也有"中国龙泉宝剑之乡"、"中国龙泉青瓷之都"、"世界香菇发源地"和"中华灵芝第一乡"等美称。

龙泉悠久而深厚的剑文化，已成为这座千年古城的根基和文脉。剑池湖、剑池亭、欧冶子将军庙等历史遗迹，龙渊街道、剑池路、剑川大道、宝剑园区等路名地名，无不向您诉说着这座城市的历史和今天。2500多年前欧冶子铸龙渊剑的传说，孕育了一代又一代的制剑匠师，形成了龙泉宝剑这一传统产业，从而也有了世代相传的龙泉宝剑锻制技艺。今日之龙泉，街头巷尾宝剑店铺林立，铁锤丁当之声相闻，说剑舞剑蔚然成风，成为一道亮丽的风景线。龙泉因剑而名，以剑成市，又以剑闻名。龙泉剑因产地而流传，因产地而闻名，两个"龙泉"早已合为一体，共同承继着剑的文化和精神。

欧冶子铸剑遗址——龙泉城南秦溪山麓的剑池亭

今日龙泉青瓷宝剑苑

春秋时越王勾践剑

龙泉宝剑是中华古兵器的代表之一，是中国文化与艺术的精粹，我国传统工艺美术百花园中的一朵奇葩。今天，它不仅是人们武术健身的器械，也是居家装饰的吉祥物，馈赠亲友和鉴赏收藏的艺术品，因而备受人们的珍爱。

[壹]龙泉宝剑的历史渊源

1. 古剑春秋

在中国古代琳琅满目的冷兵器家族中，剑是一种源远流长、有刺杀护卫和装饰佩戴两种功用的短兵器。东汉以前，它主要作为军队的标准武器装备出现在军事舞台上。东汉之后，随着新式兵器的流行，便仅在代表地位和荣誉的舆服制度中出现。

考古发掘表明，我国最早的剑出现于商代。商周之际的青铜短剑长度一般不超过30厘米，只能用于防身，不能用于刺杀格斗。春秋战国时期，地处南方的吴、越两国，由于河渠纵横，水网密布，作战以步兵和水军为主，剑成了士兵的主要兵器。因此，吴越之人善于用剑，铸剑技术也远比中原地区要高明。1965年，湖北江陵出土的越王勾践剑代表了当时青铜剑制造的最高水平。青铜剑由于受

晋武帝佩剑图，玉具剑成为身份和地位的象征。采自唐代阎立本《历代帝王图》（局部）

到材质的限制，无论是硬度还是长度，都难以满足战争的需要。于是在春秋末战国初，一种性能比青铜剑优越的铁剑应运而生。铁剑的长度可以达到70厘米以上，最长者超过100厘米，实战杀伤力大为提高。

到了东汉，随着钢铁剑锻造技术的提高，百炼钢技术日益成熟，钢铁剑质量更为精良，数量增多，才完全取代了青铜剑的主导地位。西汉中期典籍《淮南子·兵略训》云"锻铁而为刃，铸

手持利剑的钟馗驱邪逐魔（采自天津杨柳青木版画）

金而为钟"，反映了当时锻制钢铁剑兴起的情况。汉代时车战逐渐被淘汰了，骑兵成了最重要的兵种，出现了一种有环柄的厚脊、单刃，分量较重，比剑更便于挥臂劈砍，杀伤力更大的长铁刀。自那时起，剑逐渐退出了战争舞台，主要在佩饰、武术等领域继续沿用。晚清以后，由于热兵器大量使用，枪炮代替了刀剑。尽管如此，剑在历史上对我国古代社会国家的发展和巩固，对人们的社会活动和意识，都产生过一定的影响。剑又是力量的象征、正义的化身，"十年磨一剑，霜刃未曾试。今日把示君，谁有不平事？"欧冶子、干将铸剑的传奇事迹，鱼肠剑、龙渊剑、泰阿剑等千古名剑的神奇传说，荆轲刺秦王、项庄舞剑等惊心动魄的历史故事，这些千古流传的佳话美谈，更赋予剑深刻而丰富的文化内涵。正因为剑在历史上曾经有过的辉煌，使它成为一种文化现象而流传至今。

2."龙泉"剑名考

龙泉宝剑原名"龙渊"。关于"龙渊"一词，《辞源》中

◎龙泉宝剑是中华古兵器的代表之一，是中国文化与艺术的精粹，我国传统工艺美术百花园中的一朵奇葩。今天，它不仅是人们武术健身的器械，也是居家装饰的吉祥物，馈赠亲友和鉴赏收藏的艺术品，因而备受人们的珍爱。

有如下解释："龙渊，宝剑名。相传春秋时楚王使风胡子因吴王请欧冶子、干将二人作铁剑，二人凿茨山，泄其溪，取铁英，作铁剑三枚。一曰龙渊，二曰泰阿，三曰工布，谓

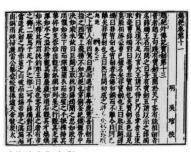

《越绝书》书影

龙渊观其状如登高山临深渊，故名。唐人避李渊（高祖）讳，以泉代渊作龙泉。"《辞源》中的这一内容，出自东汉的《越绝书》，这是有关欧冶子铸龙渊剑的最早记载。根据中国历史纪年，公元前770年至前477年为春秋时期。史料记载表明，欧冶子铸龙渊剑在春秋末期，即公元前500年左右。以此推算，龙泉宝剑至今已有2500多年历史。

关于龙泉剑的起源和演变，在以后的一些文献资料中多有记载。唐代名相李吉甫撰《元和郡县志》："龙泉洞（湖），在县南二里。"（清雍正《浙江通志》："谨按：《元和郡县志》载有'龙泉湖'，考新旧府县志俱不载入，疑即剑池湖也。"）北宋文学家、地理学家乐史继承并发展了李吉甫的著作成果，于太平兴国年间（976—983）所撰的地理志《太平寰宇记》中记载："龙泉县南五里，水可用淬剑，昔人就水淬之，剑化龙去，剑名龙泉。"他首次提出了龙泉水可淬剑，剑名龙泉的史实。北宋咸

平初年（998），翰林学士兼史馆修撰杨亿在《金沙塔院记》中进一步指出："缙云西鄙之邑曰龙泉，实欧冶铸剑之地。"宋处州龙泉人、兵部侍郎何澹于南宋嘉定二年（1209）修撰《龙泉县志》，开龙泉地方志之先河。他对欧冶子铸龙渊剑的史实，在《龙泉县志》中有如下表述："近境有剑池湖，世传欧冶子于此铸剑，其一号龙渊，以此乡名。"史载龙泉于东晋太宁元年（323）置龙渊乡，所谓"龙泉因剑而名"，即由此而来。元末明初的大学者、明代"开国文臣之首"宋濂在《龙渊义塾碑》中指出："龙渊即龙泉，避唐讳，更以今名。相传其地乃欧冶子铸剑处，至今有水号剑溪焉。"明代学者郭子章的《郡县释名》以网罗古籍完备，考证史实甚为精详著称。他在此书中说："龙泉古为括苍黄鹤镇，其地有剑池湖，又号龙渊。唐避高祖讳，改龙泉。乾元二年，越州刺史独孤峻奏以括苍龙泉乡置县，就名龙泉，从乡名也。按剑池湖在县南五里，周回三十亩，世传欧冶子于此铸剑，剑成一号龙渊，就湖淬之，化龙而去。"故清代地理总志《大清一统志》中记载："剑池湖，在龙泉县南五里，周三十亩，传欧冶子铸剑于此，号为龙渊。唐讳渊改曰龙泉，宋宣和中改曰剑池湖。邑名本此。"上述这些记载，清楚地说明了欧冶子铸龙渊剑之地，因剑而名设"龙渊乡"，后更名"龙泉乡"再到"龙泉县"的演变过程，于是也就有了名为"龙泉"的宝

◎龙泉宝剑是中华古兵器的代表之一，是中国文化与艺术的精粹，我国传统工艺美术百花园中的一朵奇葩。今天，它不仅是人们武术健身的器械，也是居家装饰的吉祥物，馈赠亲友和鉴赏收藏的艺术品，因而备受人们的珍爱。

剑。唐代大诗人李白有多首诗提到龙泉剑，有"宁知草间人，腰下有龙泉"，"万里横戈探虎穴，三杯拔剑舞龙泉"等诗句，龙泉宝剑由此名扬天下。随着龙泉宝剑的出名，"龙泉"亦成为宝剑的代名词。

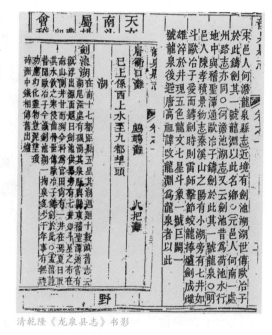

清乾隆《龙泉县志》书影

3．祖师欧冶子

相传春秋晚期，越国有一位杰出的铸剑大师名叫欧冶子，他曾为越王制造了湛庐、纯钧、胜邪、鱼肠和巨阙五把剑，都是价值连城的稀世宝剑。据说越王得到的这五把宝剑，在吴、越两国的争霸中发挥了重要的作用，由此名声大振，越国崛起于东南。

在龙泉民间有许多关于欧冶子铸剑的传说，其中流传最广的一个故事是：越国铸剑大师欧冶子的名声传到楚国后，令楚王羡慕不已，向越王提出请欧冶子铸剑。当时越王为联楚攻吴，作为交换条件，同意派欧冶子为楚王铸剑的要求。得到越王的承诺

欧冶子铸剑图（采自原龙泉宝剑厂壁画）

之后，楚王派大臣风胡子带上楚国的珍宝，作为礼物前去越国聘请欧冶子，请他为自己铸造宝剑。为寻访铸造铁剑的宝地，欧冶子遍访江南名山大川，经江西、福建来到浙江龙泉境内，见城南秦溪山阴郁郁葱葱，山侧有湖十数亩，旁有井七口，排列如北斗之状，泉水甘寒清冽，又无鸡啼犬吠，环境幽静，甚宜铸剑。于是，欧冶子在此凿山排水，搭寮筑炉，取来溪滩上的铁砂，用山上林木烧炭作燃料炼剑。经过千锤百炼，取湖水淬剑，又去深山寻来"亮石"磨砺，历经三年的呕心沥血，欧冶子终于完成了他的使命，为楚王锻造出了三把寒光闪耀、锋利无比的绝世宝剑。楚王的大臣风胡子根据这三把宝剑上不同的花纹，将他们分别命

◎龙泉宝剑是中华古兵器的代表之一，是中国文化与艺术的精粹，我国传统工艺美术百花园中的一朵奇葩。今天，它不仅是人们武术健身的器械，也是居家装饰的吉祥物，馈赠亲友和鉴赏收藏的艺术品，因而备受人们的珍爱。

名为龙渊、泰阿和工布。后来，欧冶子铸剑的这个地方就叫"龙渊"，秦溪山下的湖就叫"剑池湖"。这个故事与《越绝书》的记载大致相似，但内容更为丰富和完整。

还有一个欧冶子铸剑报国的故事。越王勾践在吴国做了三年臣仆后回国，卧薪尝胆，发愤图强，决意兴越灭吴。浙、闽边境的打铁师欧冶子与女儿莫邪、女婿干将听到这个消息后，兴奋异常，要铸剑救国，为越王打造一把稀世宝剑。他们跋山涉水找到铸剑宝地秦溪山，这里满地铁砂，有湖水可淬火，有宝石可磨砺。欧冶子历尽艰辛，终于炼成龙渊和工布两把宝剑。越王得到龙渊宝剑后，果然在战场上大败吴国，雪耻报仇，还称霸中原。另一个故事说得更神奇，龙泉秦溪山有井七口，排列形状如北斗七星。井中寒泉清冽见底，欧冶子汲水淬剑，当第一对雌雄剑制成时，忽然化为两道金光，如龙、凤翔游于云际。后来龙泉剑上镌刻有北斗七星和龙凤图案，所以龙泉宝剑又称七星剑或七星龙凤剑。

欧冶子又称欧冶、区冶。关于其名，有学者认为可能并非严格意义上的人名。冶，就是铸造的意思。冶者，则由此引申为从事铸造的工匠，铸剑之人亦被人们通称为"冶"；欧同"区"，清代学者朱骏声明确指出，"区"即瓯越，是古越族的一支，居浙江南部，其地有水名瓯江。因此，专家推测，欧冶并不是某一

龙泉欧冶子将军庙内的欧冶子塑像

◎龙泉宝剑是中华古兵器的代表之一，是中国文化与艺术的精粹，我国传统工艺美术百花园中的一朵奇葩。今天，它不仅是人们武术健身的器械，也是居家装饰的吉祥物，馈赠亲友和鉴赏收藏的艺术品，因而备受人们的珍爱。

个人专有的名字，而是泛指瓯越之地的铸剑工匠。而在民间传说中，欧冶渐被演绎成一位铸剑大师。为了表示对他的尊敬，人们又缀以尊称"子"，遂成"欧冶子"。不论欧冶子是否实有其人，但他在瓯江上游龙泉铸剑的佳话却千古流传，由此被奉为龙泉宝剑的世祖。

4.宝剑出龙渊

三国时曹操的儿子曹植，是建安时代有名的才子，他在一首诗中写道："美玉生磐石，宝剑出龙渊。帝王临朝服，秉此威百蛮。"诗中的龙渊，即今之浙江龙泉。为什么龙泉自古出产宝剑？其实，欧冶子在龙泉铸宝剑的传说是有根据的，因为龙泉确实具备了最佳的铸剑条件。

在古人眼里，一把好剑，是日月山川精华孕育的结果。成书于春秋末战国初的《考工记》，是我国目前所见年代最早的手工业技术文献。书中在谈到自然条件对生产技术的影响时说："天有时，地有气，材有美，工有巧，合此四者然后可以为良。" 所谓"天时"、"地气"，指自然方面的客观因素；"材美"、"工巧"指优良的原料和能工巧匠。只有同时具备了这四个条件才能制造出优良的产品，反映了古代技术传统中的造物原则或价值标准。《考工记》又指出："吴、越之金锡，此材之美者……吴粤（越）之剑，迁乎其地而弗能为良，地气然也。" 意思是

龙泉山奇水秀，气象幽绝，乃铸剑之佳地

说，吴、越两国有非常好的铸剑原材料，但是如果离开了当地优越的自然条件，是不能铸成好剑的，这是"地气"的作用。从现代科学角度分析，"地气"包括地理、地质、生态环境等多种客观因素。因地理环境不同，各地矿物成分不同，水中微量元素也有差别，这就会造成金属制品的组织结构和热处理质量的差异。这些正是吴、越之剑之所以如此精良的内在原因。据说绍兴黄酒以鉴湖之水酿造，但以同样的原料和工艺，在他处因水质不同就不能酿出好酒，这是同样的道理。

春秋时期龙泉为越国古瓯地，在瓯江上游，与越地山水相依，地气相连，有着得天独厚的铸剑自然条件。山溪中蕴藏着含铁量极高的铁砂，是古时铸铁剑的上好材料，被称为"铁英"（至今我们仍然可以在溪滩上找到这种铁砂）。而茂盛的森林资源，是铸剑所需的优质燃料。龙泉气候温和，雨量充沛。秦溪山下的北斗状七井，水质特异，甘寒清冽，用来淬剑非常适宜。都说宝剑锋从磨砺出，龙泉山石坑特产一种名为"亮石"的上好磨

◎龙泉宝剑是中华古兵器的代表之一，是中国文化与艺术的精粹，我国传统工艺美术百花园中的一朵奇葩。今天，它不仅是人们武术健身的器械，也是居家装饰的吉祥物，馈赠亲友和鉴赏收藏的艺术品，因而备受人们的珍爱。

石，用来砥砺刀剑，锋刃锐利，寒光逼人，可谓相得益彰。另外，古龙泉地处越之边陲，山清水秀，远离尘嚣，环境幽雅，是难得的一方铸剑净土。欧冶子在龙泉，因天之精神，地之气脉，得山川之灵秀，天地之精华，悉其技巧，终于铸成这独步天下的龙渊剑。

本地铁砂用土法冶炼成的毛铁

至今龙泉溪滩仍可见的铁砂

上世纪30年代的学者翁文灏先生著《为中国古代铁兵器问题进一解》一文，在确认春秋晚期"吴、越、楚始用铁兵"后指出："为什么当时南方的铁比北方好，主要有两条原因：一是南方炼铁使用优质木材作燃料；二是福建、浙江一

龙泉特产松炭

带的河谷或海边的铁砂质地好，最容易炼成顶好的铁，制成像龙渊、泰阿这样的宝剑。"这一论断充分说明欧冶子在龙泉铸剑的传说是可信的，曹植的"龙渊出宝剑"之说，也并不仅仅是艺术的描写。千百年来，铸剑之业在龙泉代代相袭，龙泉不但出土过春秋战国时期的青铜剑，而且现今仍是国内最享盛誉的传统名优

工艺品龙泉宝剑的生产地，素有"中国龙泉宝剑之乡"的美称。

5.剑气贯千秋

欧冶子为楚王铸了龙渊、泰阿、工布三剑，后来这三把宝剑又到哪里去了呢？

唐朝初年，"初唐四杰"之一的王勃来到江西南昌，时值重阳佳节，又逢江南名楼滕王阁修葺一新，王

秦始皇佩剑图（采自《中国历史大辞典》）

勃登高感怀，写下了千古名篇《滕王阁序》，其中有一句赞扬江西宝物众多的话"物华天宝，龙光射斗牛之墟"。斗、牛都是天上星座的名称。龙光，指宝剑的光。宝剑的光为什么称龙光呢？原来，这宝剑的本名就叫龙泉剑，王勃在这里用了一个剑化龙的典故。

相传秦统一六国以后，其中的龙渊、泰阿两剑为秦始皇所得，作为宝物时时带在身边。一次秦始皇出巡全国，乘船行至鄱阳湖，突遇风浪，惊涛拍船，十分危险。有随从大臣说，这是

◎龙泉宝剑是中华古兵器的代表之一，是中国文化与艺术的精粹，我国传统工艺美术百花园中的一朵奇葩。今天，它不仅是人们武术健身的器械，也是居家装饰的吉祥物，馈赠亲友和鉴赏收藏的艺术品，因而备受人们的珍爱。

1993年的重建剑池亭碑记

从赣江支流丰水来的水妖兴风作浪，惊动圣驾。秦始皇闻听大怒，立即取出龙渊、泰阿，命人将两把宝剑埋于丰水之源（今丰城），以压邪镇妖。不久，秦始皇死于出游途中的沙丘，两剑也就不知所终。后人有诗云："秦帝南巡压火精，仓皇埋剑古丰城。"写的就是这件事。

400多年后的晋代，龙渊、泰阿重现于世。据《晋书·张华传》记载，西晋初年，东吴尚未平灭，斗、牛间常有一团紫气。人们认为这是东吴强盛的征兆，此时不可出兵伐吴。只有宰相张华不以为然。后来晋灭了吴，斗、牛之间的紫气更明亮了。于是，张华召来天文造诣较深的豫章人雷焕，夜观天象卜此事吉凶。雷焕说："此乃宝剑之精，上彻于天。"张华问："在何方？"雷焕答："在豫章丰城。"张华于是补雷焕为丰城县令，命他暗中寻找。雷焕到丰城后，掘牢狱地基，在四丈多深处挖出一石匣，光气非常。匣内有双剑，剑身上刻有剑名，一曰龙渊，

剑池亭上的楹联

一曰泰阿。当夜，斗、牛间的紫气即消失。雷焕以南昌西山北岩下泥土拭剑，光芒艳发。又以大盆盛水，置剑其上，视之者精芒炫目。

雷焕将龙渊送给张华，留泰阿自佩。张华得剑，宝爱之。后来，张华被杀，龙渊剑不知去向。雷焕死，其子雷华带泰阿剑途经延平津，泰阿剑忽于腰间跃出落水。雷华派人下水寻找宝剑，但见两龙长数丈，蟠萦有文章。一会儿，光彩照水，波浪惊沸。于是，龙渊剑和泰阿剑又丢失了。唐代诗人李白有一首诗，生动地描写了这个剑化龙的故事："宝剑双蛟龙，雪花照芙蓉，精光射天地，雷腾不可冲。一去别金匣，飞沉失相

◎龙泉宝剑是中华古兵器的代表之一，是中国文化与艺术的精粹，我国传统工艺美术百花园中的一朵奇葩。今天，它不仅是人们武术健身的器械，也是居家装饰的吉祥物，馈赠亲友和鉴赏收藏的艺术品，因而备受人们的珍爱。

从，风胡殁已久，所以潜其锋。吴水深万丈，楚山邈千重，雌雄终不隔，神物会当逢。"

这就是龙泉剑气的典故。龙泉宝剑，紫气上彻于天，光耀牛斗，是剑中之宝。后遂用龙剑、龙渊剑、龙泉等比喻杰出的人才或华美宝贵之物。王勃的《滕王阁序》就是一例。在龙泉欧冶子古铸剑地秦溪山，1993年重建剑池亭，亭柱有楹联"龙光昭九域，剑气贯千秋"，也典出于此。

6.今昔剑池湖

欧冶子在龙泉铸剑的历史遗迹有秦溪山的剑池、剑池亭和欧冶子将军庙，总称剑池湖遗址。元代处州路总管孟淳写有一首名《剑池湖》的诗："昔闻欧冶子，今识剑池湖。一掬泉多少，千年事有无。神功应幻化，灵物岂泥涂。琐碎洲中铁，相传旧出炉。"看来剑池湖在当时的名声不小，孟淳慕名到龙泉访古，可见铸剑遗物碎铁，感叹欧冶神功果名不虚传。关于古代剑池湖的风貌，明代的地理志《括苍汇记》有如下记载："山南为秦溪，剑池湖在其阴，周围数十亩。湖水清冽，时有瑞莲挺出。旁有七星井，为欧冶子铸剑之所，今为官田，井尚在，夏日饮其水，寒侵齿骨。"可见古时剑池湖的面积不小，湖水清冽，碧波荡漾，荷花盛开莲蓬朵朵。七星井泉水甘寒沁人心腑。清人徐应亨诗《剑池雨霁》："湖波新涨雨，剑气尚冲天。万树鸣秋叶，千家

今七星井尚存一口，为欧冶子铸剑的历史遗迹之一

起暮烟。"更是生动地描写了剑池湖的山光水色，秋叶暮烟，波涨虹横，故旧志载"剑池雨霁"为龙泉一大胜景。

　　秦溪山麓的剑池亭又称剑子阁，上世纪50年代初，因年久失修，危危欲坠。政府为保护文物，曾先后两次重修剑池亭胜景。1957年《重修剑池亭碑志》载："龙泉县旧志云：剑池湖周回十数亩，湖尾深处有碾涡，其泉脉与稽圣潭通。秦溪山之阴，湖旁有七井，如斗星之布，曰七星井。井水甘而冽，夏日饮之，亦寒侵齿骨。世传吴越时欧冶子铸剑于此，池畔古冶土犹英气闪烁云。湖侧旧有欧冶子将军庙，早已毁坏；湖亦于晚清科为官田，仅一井存焉。后即呼此井为'剑池湖'。其井旁山缀一小阁；阁

◎龙泉宝剑是中华古兵器的代表之一，是中国文化与艺术的精粹，我国传统工艺美术百花园中的一朵奇葩。今天，它不仅是人们武术健身的器械，也是居家装饰的吉祥物，馈赠亲友和鉴赏收藏的艺术品，因而备受人们的珍爱。

秦溪山剑池亭之北的欧冶子将军庙

古剑池及剑池亭（采自欧冶子将军庙壁画）

1957年重建后的剑池亭

后有二松，一松虬覆阁上，苍劲可喜。"惜"文化大革命"时剑池亭被作为"四旧"毁坏。1993年，龙泉市政府拨款于旧址重建剑池亭。

　　为纪念欧冶子在龙泉铸剑的功绩，后人在剑池湖之北建有欧冶子将军庙。据明景泰五年（1454）的《寰宇通志》记载："欧冶子庙，在龙泉县南五里剑池湖前。"由此可见，欧冶子庙至少已有500多年的历史了。现有的欧冶子将军庙为南秦村民近年在原址重建的，庙门首上方石匾书"剑池古迹"四字；两旁石门柱刻有楹联"剑池旧有七星井，古庙尚遗欧冶风"。门廊两侧墙上，彩色《古剑池图》和《欧冶子铸剑图》各一幅。庙内设欧冶子塑像，头戴金盔，身披战袍，双手持剑，威严而坐。今日之欧冶子将军庙白墙青瓦，古貌换新颜，作为龙泉宝剑悠久历史的一大遗

◎龙泉宝剑是中华古兵器的代表之一，是中国文化与艺术的精粹，我国传统工艺美术百花园中的一朵奇葩。今天，它不仅是人们武术健身的器械，也是居家装饰的吉祥物，馈赠亲友和鉴赏收藏的艺术品，因而备受人们的珍爱。

存，吸引着众多的游客。2003年7月，浙江电视台"风雅钱塘"栏目专程来龙泉拍摄《龙泉宝剑》专题片，其中"祭祖"一部分的内容，就是在欧冶子将军庙拍摄的。在悠扬的古乐声中，欧冶子神像前香烟萦绕，主祭人宣读《祭欧冶子将军文》："吴越春秋，剑师神工。秦溪山下，剑池湖畔。欧冶运巧，剑号龙渊。北斗耀奇，潜龙在渊。龙光九域，剑气千秋。伟哉！将军功绩，龙剑之祖。"在剑匠们一声声虔诚的祈祷中，我们似乎看到了那缕延续了2000多年的凛凛剑气，正是这缕剑气，使今天的龙泉宝剑更加夺目耀眼。

龙泉城南的秦溪山和剑池湖，作为欧冶子在龙泉铸剑的遗迹，是龙泉宝剑2500多年历史的印证和文脉，其深厚的历史文化底蕴更是龙

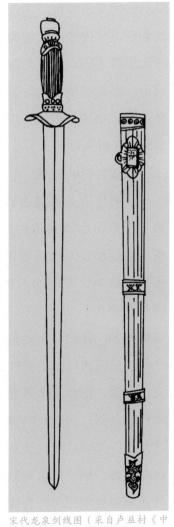

宋代龙泉剑线图（采自卢益村《中国刀剑武具（台湾编）》）

泉独特的宝贵财富。为进一步弘扬龙泉宝剑文化，龙泉市政府已规划在这里建造中国宝剑城，恢复古代剑池湖、七星井，整合原欧冶子将军庙，设宝剑博物馆，打造集宝剑传统锻制技艺、精品展示、影视基地、体验参与、创作基地和中国5000年剑文化于一体的国家4A级风景区。历经风雨沧桑的剑池湖，必将以崭新的面貌出现在世人面前。

[贰]龙泉宝剑的流传

刀剑作为兵器是古代战争的产物，特别是在冷兵器时代，是用于杀伤敌人或防护自己的主要武器，是统治者维护自己的统治地位和权力的重要工具。受历代封建统治者"重文抑武"思想的影响，民间的刀剑制作和流传历来为统治者所禁忌。又因种种原因，目前流传于世的龙泉宝剑实物，以及有关文字记载都不多。我们今天能见到的龙泉古剑，大多为清代和民国初期产品，而清代以前的则较少。笔者在2006年初应邀赴台湾进行剑文化交流，在台北市著名古兵器收藏家卢益村先生处，看到一把宋代龙泉剑。剑全长83厘米，钢刃，保存良好，剑鞘装具有篆体"龙泉"二字。此剑装具以荷花为纹饰，剑镡（护手）造型呈立体荷叶形，柄首铜束和鞘口、护环等处均有圆形莲子纹，这与宋代龙泉青瓷常用的荷花纹饰相一致（青瓷荷叶盖罐为宋代龙泉青瓷代表作品之一）。这是迄今为止，我们见到的年代最为久远的传世龙泉剑。

1. 龙泉名天下——历代古诗文中的龙泉宝剑

历代的古诗文中，有着许多有关龙泉宝剑的描写，我们从中可以一睹它的风采。东汉著名的哲学家王充曾高度评价龙渊剑，认为它是举世公认的价值千金的利剑。他在《论衡》中说："龙渊、太阿之辈，其本铤，山中之恒铁也。冶工锻炼，成为铦利，岂利剑之锻与炼，乃异质哉？工良师巧，炼一数至也！"其大意为，龙渊、太阿等宝剑，它们本来是未经冶炼的、山中的一般铁矿，经过工匠冶炼锻造，就成了锋利的剑，难道利剑的冶炼锻造用的是特殊材料？这是因为工匠技术高明，又经过千锤百炼才成功的啊！

东汉文学家崔骃有一首《刀剑铭》："欧冶运巧，铸锋成锷。麟角凤体，玉饰金错。龙渊太阿，干将莫邪。带以自御，煜煜吐花。""铭"是古代的一种文体，或以称功德，或以申鉴戒。在这篇《刀剑铭》中，崔骃称赞欧冶"铸锋成锷"的高超技艺，并对龙渊剑"麟角凤体"制作之精美，"玉饰金错"装饰之华丽，"煜煜吐花"异光花纹之神奇，作了形象的描写。"越民铸宝剑，出匣吐寒芒。服之御左右，除凶致福祥。"三国时期的曹丕，用最简朴的语言，叙述了古代越国的子民铸剑"除凶致福祥"的历史。

铸剑　　　　　　品剑

舞剑　　　　　　颂剑

中国电信发行IC卡《龙泉宝剑》一套共四枚

西晋将领刘琨为匡扶晋室曾转战晋阳。他在《扶风歌》中写道："朝发广莫门，暮宿丹水山。左手弯繁弱，右手挥龙渊。"生动地描写了一位驰骋沙场，左手拉起繁弱良弓，右手挥舞龙渊宝剑，全副戎装的将军形象。南朝梁诗人车噪有一首从军征戎诗："雪冻弓弦断，风鼓旗杆折。独有孤雄剑，龙泉字不灭。"尽管大雪可以把弓弦冻断，狂风可以把旗杆吹折，但唯独这把雄剑上的"龙泉"二字，永不磨灭，抒发从军将士的豪迈气概。

龙泉剑名扬千古，故唐代文学家虞世南在《北堂书钞》中有"古有龙渊太阿，至今擅名天下"之赞誉。历代描写龙泉剑的诗篇，数唐代诗人郭震的《古剑篇》最富传奇色彩。他在诗中写道："君不见昆吾铁冶飞炎烟，红光紫气俱赫然。良工锻炼凡几年，铸得宝剑名龙泉。龙泉颜色如霜雪，良工咨嗟叹奇绝。琉璃玉匣吐莲花，错镂金环映明月。正逢天下无风尘，幸得周防君子身。精光黯黯青蛇色，文章片片绿龟鳞。非直结交游侠子，亦曾亲近英雄人。何言中路遭弃捐，零落飘沦古狱边。虽复沉埋无所用，犹能夜夜气冲天。"全诗文采飞扬，气势不凡，对龙泉宝剑巧夺天工的技艺以及精美绝伦的特色，作了生动形象的描写，成为脍炙人口、千古传诵的咏剑名篇。郭震借咏龙泉剑寄托自己的理想抱负，暗喻自己是出类拔萃的人才，因生在太平盛世，英雄无用武之地，但不甘沉沦，仍将和龙泉剑一样，"犹能夜夜气冲天"，一种"天生我材必有用"的英雄气概呼之欲出。据《旧唐书》记载，一代英主武则天看到这首《古剑篇》后，大加赞赏，破格提拔郭震。郭震的这一传奇经历，固然由于他出色的文才，但从某方面说，也是沾了龙泉宝剑的光。

2. 兴旺与衰落——清代和民国时期的龙泉宝剑

龙泉铸剑业代代有名匠，久传不衰。1984年，浙江永嘉县桥头镇出土的一把龙泉剑，剑刃无缺，剑口锋利。一面用黄铜细纹镂刻蛟龙吐珠，蛟龙上首镂刻七星；另一面镂刻金字楷书"龙泉剑"三字。据鉴定，该剑是清太平军所佩之物。安徽省巢湖文物管理所1980年发掘出土的一把铭记龙泉千字号宝剑，剑身一面镂刻龙纹，一面镂刻凤纹，采用镶铜法。剑身尾部则用嵌铜法透注北斗七星，每颗星为圆点，有连线。除木质剑柄腐朽外，剑身仍然完整，文饰清晰。从星形图案鉴定，应是清咸丰前后所产。至今，香港"万剑山庄"、广州"拔刀斋"等地的一些古兵器收藏之所，保存着明、清及民国初年的龙泉宝剑，不失五彩龙文之妙。

清乾隆十三年（1748），铁匠郑义生在龙泉城镇东街开设剑铺，招徒授艺，运用古代传统熔化生铁灌注熟铁的"灌钢法"制作刀剑。这种方法所制的刀剑不易生锈，剑刃锋利。清道光年间（1823—1850），约1830年前后，龙泉廖太和剑铺精于镂刻工艺，继承战国时期装饰风格，名噪一时。清咸丰八年（1858），

◎龙泉宝剑是中华古兵器的代表之一，是中国文化与艺术的精粹，我国传统工艺美术百花园中的一朵奇葩。今天，它不仅是人们武术健身的器械，也是居家装饰的吉祥物，馈赠亲友和鉴赏收藏的艺术品，因而备受人们的珍爱。

清末和民国初期的千字号制龙泉剑（周康友藏）

位于西街的千字号剑铺，图中为郑文轩之子郑金生

太平军驻扎龙泉旬日，需补充大量刀剑武器，郑义生第四代孙郑三古的千字号剑铺，剑质上乘，生意应接不暇。光绪初，周国华、周国荣、周国贵拜千字号剑铺郑文轩（郑三古之子）为师。满师后，周国华单独开设万字号剑铺。清末民国初期，县城沿溪北岸一条街，从天妃宫（今新华电影院）至官仓巷口，剑铺相连，丁当之声昼夜不绝。剑铺有千字号、万字号、壬字号（沈广隆）、金字号（吴继德，万字号徒弟）、永字号（潘星明，千字号徒弟）、禾字号（徐春德，千字号徒弟）、周国贵等7家。其中

今日万字号剑铺陈列室

清末万字号龙泉剑（王镇铭藏）

千字号（郑志成）、万字号（周子望）和壬字号（沈广隆）的沈廷璋被称为"龙泉宝剑三大名家"。

各家剑铺除炼剑有专门技师外，还聘请装潢师镂刻剑身图案，制作剑柄、剑鞘，使宝剑的剑质和外形相得益彰。民国三年（1914）秋，县知事杨毓奇主持举行有7家剑铺参加的宝剑质量比

◎龙泉宝剑是中华古兵器的代表之一，是中国文化与艺术的精粹，我国传统工艺美术百花园中的一朵奇葩。今天，它不仅是人们武术健身的器械，也是居家装饰的吉祥物，馈赠亲友和鉴赏收藏的艺术品，因而备受人们的珍爱。

今日沈广隆剑铺

清末沈广隆制龙泉剑（采自"拔刀斋"论坛，收藏者不详）

赛，名匠沈廷璋炼制的宝剑（硬剑）夺魁。民国十八年（1929）初，浙江省国术馆馆长张人杰嘱教务长杨澄甫向沈广隆号定制龙泉剑12把，鉴定后，认为剑质上乘，续订70把。民国十九年（1930）秋，全国国术馆在南京举行国术比赛，30把龙泉剑被评为最佳剑，列为奖品，赠给武术表演优胜者。此后龙泉宝剑独步东南，名声大震，产品行销全国。剑铺由7家增至11家（新增徐振昌、何同兴、茂字号、徐显庆），此为民国时期制剑业的鼎盛期。抗日战争开始后，沪、杭等地商贾和省级机构内迁龙泉，手杖剑（时称"司的克"）成为士绅官贾时髦的必携品。然好景不长，抗战胜利后至新中国成立前夕，经济萧条，宝剑产销大减，1947年只剩3家剑铺，尚需兼造铁制农具方可勉强为生。

据民国时《重修浙江通志稿》记载，当时的铸剑原料有三：毛铁、钢、花榈木。其制作工艺为先以毛铁、钢提炼，后以铁锉锉平，然后题款和镌刻七星纹饰，嵌以铜质。再经淬火后水磨，并以铁砂擦至光耀夺目，配以花榈木壳即成宝剑。制成一把普通的剑，每剑约需铁、钢各10斤左右，花榈木约2斤。由此可见，当时龙泉的工匠还一直沿用传统的毛铁制剑。民国三十年（1941）以后，沈广隆剑铺首创纯钢制剑。曾为蒋介石特制一把龙泉剑，剑长三尺，宽一寸二分，用纯钢制成。龙泉剑身上镌刻七星图案，早期为穿洞镶嵌七颗圆黄铜点，交错等距排列，有连线或无连线。大约在民国三十年（1941）前后，七星改为七颗五角星呈北斗七星斗杓形排列。剑身两边镂刻的图案和文字，采用错铜工艺，分别用熔点不同的紫铜和黄铜。剑的外装具多为素铜装（黄铜或白铜），取薄铜片经成型，采用冲花或平雕、浅雕、透雕等工艺，常用纹饰有花草纹、金钱纹、福寿纹，还有龙凤、蝙蝠等

◎龙泉宝剑是中华古兵器的代表之一，是中国文化与艺术的精粹，我国传统工艺美术百花园中的一朵奇葩。今天，它不仅是人们武术健身的器械，也是居家装饰的吉祥物，馈赠亲友和鉴赏收藏的艺术品，因而备受人们的珍爱。

千字号龙泉剑

传统吉祥喜庆图案。在剑身或装具护环上往往镌刻有"龙泉"、"龙泉剑"或"龙泉池剑"等字样。剑式有单剑、双剑和短锋、长锋之别，普通剑的长度多为60厘米左右。又有一种手杖剑，内藏小巧之剑、刀或三棱刺形之长刀，亦盛行一时。

民国前，龙泉宝剑产销量无从稽考。民国初，龙泉宝剑经传教士外销至加拿大、英国等地。据民国二十二年（1933）出版的《中国实业志》统计，当时年产龙泉宝剑2000把，总值8000余元，视制工质量和规格，每把银圆17元至100多元不等。又据民国二十四年（1935）《浙江青年》统计，年产达1万把以上，单剑每把法币1500元，双剑每对2000余元，销售于温州、杭州、上海及浙江省各县。民国三十一年（1942），手杖剑每把法币50元。

3.传承与创新——当代龙泉宝剑的发展

新中国成立以后，人民政府关注传统工艺品生产，于1956年组织宝剑艺人归队，成立了龙泉宝剑生产合作小组，龙泉宝剑得以恢复生产。成员有老字号剑铺沈广隆的传人沈焕文、沈焕武、沈焕周三兄弟以及铸剑师、包铜和制剑鞘的师傅季火荣、季阳春、姜华、孔庆标、张宝华、张仙露等人。是年7月，适逢党的八大召开前夕，为表达对共产党和毛

20世纪60年代，龙泉县宝剑生产合作社的产品说明书封面

◎龙泉宝剑是中华古兵器的代表之一，是中国文化与艺术的精粹，我国传统工艺美术百花园中的一朵奇葩。今天，它不仅是人们武术健身的器械，也是居家装饰的吉祥物，馈赠亲友和鉴赏收藏的艺术品，因而备受人们的珍爱。

主席的热爱，艺人们特制一把长锋宝剑献给毛主席。此剑全长三尺，全钢剑身，一面用黄铜镂镶"献给伟大领袖毛主席"九个正楷字，另一面用紫铜镂镶"北斗七星龙凤"图。剑鞘为花榈木，其色如琥珀，纹理似苍虬蟠螭。剑鞘全银包饰，鞘口用白银镶制对称的"双龙抢珠"凸花图案；剑梁镌刻龙凤，下节为"鸟语花香"凸花浮雕；剑格为两只凸花银虎头；剑首是银如意头；系橙红丝剑穗；剑柄用水牛角；此剑用工两个月，镶白银二十一两六钱（十六两制市秤），可谓精美绝伦，是龙泉宝剑的特级产品，代表了当时的最高制作水平。

1956年为毛主席制作的龙泉剑复制品（龙泉宝剑厂有限责任公司提供）

1963年9月，宝剑生产合作小组改名为龙泉县宝剑生产合作社。这段时期生产的宝剑，或名龙泉宝剑或名龙泉古剑。产品以用于武术或健身为主，规格分长锋剑、短锋剑、匕首和手杖剑四种，又有单剑和双剑之分。剑刃的长度以鲁寸为单位(1鲁寸约合2.75厘米)，最长者为32鲁寸(约87.5厘米)，最短者仅10鲁寸(约27.5厘米)。1966年"文化大革命"开始，宝剑被视为"四旧"而停产。

1971年12月，龙泉宝剑恢复生产。次年初，应有关部门要求，制作了两把龙泉宝剑，周恩来总理把它们作为国礼，赠送给来华访问的美国总统尼克松。1978年1月，宝剑生产合作社改名为龙泉县宝剑厂（通称龙泉宝剑厂）。1979年10月，龙泉县宝剑厂向国家工商局注册登记"龙泉宝剑"商标。1984年12月，又注册登记"龙凤七星"商标。从此，龙泉宝剑的全称为"龙凤七星龙泉宝剑"。当时的龙泉县宝剑厂名师云集，有老字号剑铺沈广隆第二代传人沈氏（焕文、焕武、焕周）三兄弟、老字号剑铺何同兴第二代传人何氏（连文、连武）二兄弟、季氏宝剑装饰第二

老艺人季火荣（季樟树提供）

老艺人沈焕武（季樟树提供）

◎龙泉宝剑是中华古兵器的代表之一，是中国文化与艺术的精粹，我国传统工艺美术百花园中的一朵奇葩。今天，它不仅是人们武术健身的器械，也是居家装饰的吉祥物，馈赠亲友和鉴赏收藏的艺术品，因而备受人们的珍爱。

代传人季火荣等老艺人，也有千字号弟子周家强和沈广隆弟子徐斌等，为传承龙泉宝剑锻制技艺起到承上启下的重要作用。这时的产品样式以纯钢龙凤七星长剑、短剑为主，但制作工艺日趋完善，品种更为丰富。一把宝剑从原料到成品，要经过锻、铲、锉、刻、淬、磨等28道工序。品种按剑质分有硬剑、软剑和传统武术剑。硬剑钢质坚韧、宽厚沉重，开刃后能剁开五至十余枚铜元而不卷刃。软剑弹性特佳，能作360度弯曲，松开后则挺直如故。传统武术剑，剑质刚柔并济，可舞可刺，剑身前部可弯90度而不变形。以剑型分，有长锋剑、短锋剑、双剑（雌雄剑）等等。视制作工艺或装饰不同，又有中、高档之分。1983年9月的第五届全运会期间，龙泉县宝剑厂在北京举行的全国体育器械展览会上，首次展出长锋剑、短锋剑、手杖剑、雌雄剑等系列产品，以及仿明清时期的十八般兵器，受到观众热烈欢迎，龙泉县宝剑厂名声大振，成为国内知名的武术器械厂。1984年7月1日，著名兵工专家、

何同兴剑铺传人何连文、沈广隆剑铺传人沈焕周及千字号弟子周家强正在切磋技艺（季樟树提供）

国家兵器部原顾问吴运铎，曾给予龙泉宝剑高度评价："贵厂艺人，无愧铸剑之名师良工，匠心独具，堪称百代绝技。龙泉宝剑艺振古今，誉满中外，此乃我民族之骄傲。"

1984年4月，龙泉县龙渊镇兴办乡镇集体企业万字号宝剑厂，由原万字号剑铺的传人周子望主持工艺，从而打破了龙泉宝剑独家生产经营的局面。不久后又出现了陈阿金剑铺、龙渊剑厂、龙泉武术器械厂、剑池宝剑厂、古剑厂等一批个体剑厂。沈广隆剑铺也由第三代传人沈午荣、沈新培恢复，老店新开。至1988年，全县有剑铺70余家，属轻工系统集体所有制剑厂3家，其他为乡镇集体、个体联营和家庭个体作坊。龙泉宝剑的产销量大幅度增加，当年全县宝剑产量首次超过8万把。

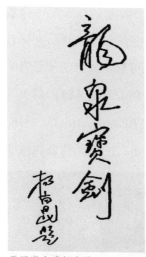

原国家主席杨尚昆题词

杨尚昆的剑

◎龙泉宝剑是中华古兵器的代表之一，是中国文化与艺术的精粹，我国传统工艺美术百花园中的一朵奇葩。今天，它不仅是人们武术健身的器械，也是居家装饰的吉祥物，馈赠亲友和鉴赏收藏的艺术品，因而备受人们的珍爱。

1985年12月，龙泉县宝剑厂受国防部外事局委托，特制了250把16鲁寸的高级龙泉宝剑。这批剑在装饰上大胆创新，包铜工艺改单一冲花为雕刻，在剑把如意头和上下节上雕出浮花，更显典雅古朴。1988年，龙泉县宝剑厂为杨尚昆主席特制一把龙泉剑，剑刃长28鲁寸，剑身一面镂刻云霄金龙图和"杨尚昆"三个亲笔字，另一面镂刻"飞凤七星"和篆体"龙泉宝剑"四字。花榈木剑鞘，外装具为白铜镀银，上下节是浮雕云勾菊花芯镶红宝石，腰围是凸菊花镶绿宝石，护手是对称凸花云勾盘龙，剑首为凸花祥云。杨尚昆主席收到剑后，十分喜爱，并为龙泉县宝剑厂题写了"龙泉宝剑"四字。万字号宝剑厂与香港武道企业中心赵从武合作，试制成功仿宋太祖"龙骠剑"。此剑总长145厘米，刃长99厘米，阔3.6厘米，重1600克。刚中带柔，前柔后

邓小平的剑

刚，系千层钢制成，刃上可见若隐若现之岩状纹或松针纹。剑鞘
选用上等花榈木，装具采用古法青铜浇铸，剑格为浮雕兽头和菊
花瓣，装饰大气又古朴。赵从武先生评价说："此剑其色湛蓝，
其气微黄微灰，刚中寓柔，已达到宝剑之要求。"当时，龙泉县
宝剑厂、龙渊剑厂、龙泉武术器械厂、陈阿金剑铺等厂的许多产
品，在国内评比中多次获奖。龙泉宝剑还曾被邓小平、叶剑英、
乔石、朱镕基等党和国家领导人以及许多社会知名人士所收藏。
1991年1月，经浙江省标准局批准，由龙泉县宝剑厂起草的《龙
泉宝剑产品标准》开始实施，从而结束了宝剑生产无质量标准可

龙泉青瓷宝剑苑外景

◎龙泉宝剑是中华古兵器的代表之一，是中国文化与艺术的精粹，我国传统工艺美术百花园中的一朵奇葩。今天，它不仅是人们武术健身的器械，也是居家装饰的吉祥物，馈赠亲友和鉴赏收藏的艺术品，因而备受人们的珍爱。

依的状况，使龙泉宝剑锻制技艺更上一层楼。

　　20世纪末，龙泉宝剑产业加快发展，龙泉宝剑锻制技艺的传承和创新成果累累。龙泉市委、市政府为发展龙泉特色工业经济，建设了龙泉青瓷宝剑园区，规划面积13公顷，于2003年底建成投产，入园宝剑企业40多家。自2000年开始，龙泉市委、市政府先后在杭州、上海、北京连续三年组织举办了"中国龙泉青瓷宝剑精品展示会"，有50多家宝剑企业参展，展示名作，展销精品。展示会盛况空前，特别是一些以传统工艺制作的精品宝剑大受欢迎。展示会不仅进一步提高了龙泉宝剑的

颇具民族特色的陈记阿金剑铺

龙泉刀剑博物馆（筹）精品刀剑展示厅

知名度，更重要的是开阔了企业的眼界，看到了龙泉宝剑传统技艺和文化的价值，从而使人们转变了观念，增强了走传承与创新相结合之路的信心和决心。龙泉县宝剑厂于2003年11月以拍卖形式改制，改制为龙泉市宝剑厂有限责任公司。与此同时，还出现了金龙刀剑厂、蒋氏刀剑厂、郑氏刀剑厂等以机械化生产外贸工艺刀剑的产业化规模企业。

近年来，龙泉宝剑在挖掘和恢复失传已久的传统花纹剑技艺方面，取得了突破性的成果，采用传统手工技艺制作的汉剑、唐剑、狮剑、玄天剑、螳螂剑、清龙泉、白龙剑、春秋古剑等一批花纹宝剑精品相继问世，得到有关专家的肯定和好评。在2002年

◎龙泉宝剑是中华古兵器的代表之一，是中国文化与艺术的精粹，我国传统工艺美术百花园中的一朵奇葩。今天，它不仅是人们武术健身的器械，也是居家装饰的吉祥物，馈赠亲友和鉴赏收藏的艺术品，因而备受人们的珍爱。

和2003年浙江省经贸委评审公布的第一届、第二届浙江省工艺美术精品中，尚方斩马剑、百寿百福剑、秦王剑、百炼花纹龙泉剑、清刀等5件作品获精品作品奖。狮剑、干将神剑、龙渊古剑、越王剑等12件作品获优秀作品奖。还有多件作品在杭州西湖博览会中国工艺美术精品展以及在北京、深圳举行的中国工艺美术博览会上荣获金奖、银奖。与此同时，还出现了收藏者竞相购买传统手工龙泉宝剑的盛况。目前的龙泉宝剑传统产业，形成了以高档剑的传统手工锻制技艺为代表、工艺武术剑的全钢机

2002年在北京举行的中国龙泉青瓷龙泉宝剑精品展

2004年，一代武侠小说宗师金庸先生龙泉问剑

著名武侠小说作家金庸题词

金龙刀剑有限公司的特色工艺刀剑,品种多样,琳琅满目

金龙刀剑有限公司的员工正在精心制作

锻和手工相结合为特色、外贸工艺刀剑的机械化生产为规模的三者并存、各扬所长、共同发展的新格局。2006年11月29日,龙泉市委、市政府召开宝剑产业发展座谈会,共商振兴龙泉宝剑大计。市委书记赵建林在会上提出,要抓住机遇,继承传统,弘扬创新,走(传统)宝剑型和(产业化)刀剑型同步发展之路,为今后龙泉宝剑产业的发展指明了方向。

[叁]龙泉宝剑的主要价值

1.“百兵之君”的风采

在冷兵器时代(特别是青铜器时代和铁器时代初期),由于剑在战争中的显赫地位和神异传说,使它成

◎龙泉宝剑是中华古兵器的代表之一，是中国文化与艺术的精粹，我国传统工艺美术百花园中的一朵奇葩。今天，它不仅是人们武术健身的器械，也是居家装饰的吉祥物，馈赠亲友和鉴赏收藏的艺术品，因而备受人们的珍爱。

战国武士复原图

西汉将帅复原图

唐代武士复原图

以上图片采自刘永华《中国古代军戎服饰》

为人们崇拜的神兵、神器，曾被誉为"百兵之君"。谁拥有一把举世无双的名剑、宝剑，谁就能所向披靡，持剑是拥有力量的象征。因此，许多国家为了兴国强兵，必以稀世宝剑为镇国之宝。

欧冶子为楚王造的三把铁剑一问世，由于其优越的性能及其巨大的杀伤力，立即在战场上发挥了作用。《战国策》称："龙渊、泰阿，陆断马牛，水击鹄雁，当敌即斩。"龙渊铁剑横空出世，以其逼人的光芒走上战争舞台，在中国冷兵器史上具有划时代的意义。杜甫诗云"猛将宜尝胆，龙泉必在腰"。名剑驰骋，誉满天下，相传历代有许多英雄，手持三尺龙泉叱咤风云，演出了一幕幕威武雄壮的场景。秦始皇挥龙渊剑征战六国，建立了空前统一的秦王朝；汉高祖刘邦"吾以布衣提三尺剑得天下"；光武帝刘秀宛县起兵，持龙泉剑战昆阳克邯郸，"光武中兴"重振大汉雄风；南宋民族英雄岳飞、大明名将郑成功，都是挥龙泉剑驰骋沙场屡建奇功。龙泉宝剑在冷兵器史上名留青史，永放光芒。

2．"异光花纹"之艺术

据《越绝书》记载："龙渊观其状，如登高山，临深渊；泰阿观其形，如流水之波；工布晓其神，如珠不可衽。"这句话所说的，其实都是指剑的自然花纹形态和光华"因姿定名"。传说中的干将、莫邪剑，"阳作龟纹，阴作漫理"，说的也是剑身上的花纹（龟纹和水波纹）。古籍中又称："龙渊太阿，干将莫邪。带以自御，煜煜吐花。"对这种花纹宝剑，我国古兵器史研究专家周纬先生赞誉有加，认为它是"剑刃上天然花纹之超代艺术"，又因"觉刃上有异光若花纹"，故称之为"异光花纹"，是"扪之无垠，可视及而不能触及，可摄影而不能拓摩"（周纬《中国古兵器史稿》）。著名冶金史家杨宽先生也称这种有龟纹、水波纹的宝剑，是我国古代著名冶金技师的杰出成就。

自古以来，异光花纹成为龙泉宝剑的一大特色。这种花纹，非钢针镂刻或化学腐蚀而成，乃剑身经百炼淬火自然炼就，磨之不去，历久常新。因原料的差异，打造的手法不同，剑上的花纹清晰度也不同，其形态更是变化多端。叠打的花纹似流水（水波

◎龙泉宝剑是中华古兵器的代表之一，是中国文化与艺术的精粹，我国传统工艺美术百花园中的一朵奇葩。今天，它不仅是人们武术健身的器械，也是居家装饰的吉祥物，馈赠亲友和鉴赏收藏的艺术品，因而备受人们的珍爱。

奇云叠嶂

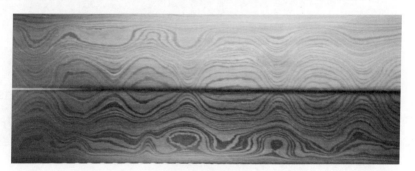

阳作龟纹

阴作漫理

旋焊纹

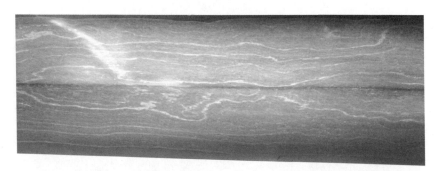

一江春水

凤羽开屏

以上六幅异光花纹图除"奇云叠嶂"和"阳作龟纹"由周唐强提供外，其余皆为周正武提供

纹），团打的花纹似云朵（云纹），旋打的花纹似螺旋，还有松针纹、珍珠纹、龟纹、羽毛纹等等。用这种工艺锻制而成的宝剑，结构均匀，密度加大，质量提高，具有良好的坚韧性，且防锈耐腐，是龙泉宝剑中的珍品。香港剑术传人赵从武谓："古代花纹宝剑的价值，在世界上有甚于其他艺术品。铸炼花纹宝剑，是东方民族的独特秘密。"欧冶子所开创的龙泉宝剑异光花纹锻制技艺，是历代铸剑艺人聪明才智的结晶，是对中国冶金技术发展的一大贡献。

3．"书剑飘零"行天下

剑在古代不仅是用于作战、防身的兵器，也是古人雅爱的佩饰之物。在周秦汉唐的2000多年间，一直盛行佩剑之风。王公贵族不仅以佩剑来体现尚武的风气和精神，佩剑还出现在代表地位与荣誉的舆服制度中。因剑而剑道，龙泉宝剑早就超越冷兵器时代的实际功能，成为中国文化史上重要的精神符号。

历代文人在修文之外，还多以剑习武，"读书击剑，业成而武节立"，以书剑人生为荣。李白"十五学剑术……三十成文章"，杜甫的"检书烧烛短，看剑引杯长"，温庭筠"欲将书剑学从军"，高适"岂知书剑老风尘"，还有陈子昂"平生闻高义，书剑百夫雄"等。这种书剑行天下、建功立业、报效国家的人生追求，曾激励了一代又一代的中国文人。20世纪40年代初，时逢抗日烽火遍野的艰难岁月，在浙江大学龙泉分校有一副对联："以弦以歌，往哲遗规追鹿洞；学书学剑，几生清福到龙泉。"表达了当时的浙大师生爱国有志，坚持学文学武，时刻准备报效国家的决心。

剑的文化作用和社会功能，以及许许多多的传说和故事，使其成为人们

孔子佩剑塑像（2006年1月作者摄于台北故宫博物院）

艺术创作的源泉。在《三国演义》、《西游记》、《水浒传》等许多古典文学名著中，有不少关于剑的描写，元曲有李开先的杂剧《宝剑记》，传统戏曲中有《荆轲刺秦》、《霸王别姬》等许多与剑有关的剧目；在中国传统绘画中，有明代黄济的《砺剑图》和陈洪绶的《铸剑图》。因剑的特殊艺术感染力，唐代著名画家吴道子、书法家张旭，在观看了舞剑之后，都深受启发，书画"若有神助"，技艺大为长进。当代武侠小说宗师金庸先生的14部武侠小说中，部部有刀光剑影，其中以剑为书名或题材的就有《书剑恩仇

053 ◎龙泉宝剑是中华古兵器的代表之一，是中国文化与艺术的精粹，我国传统工艺美术百花园中的一朵奇葩。今天，它不仅是人们武术健身的器械，也是居家装饰的吉祥物，馈赠亲友和鉴赏收藏的艺术品，因而备受人们的珍爱。

舞剑图（吴山明绘）

砺剑图（明·黄济绘）

李白佩剑图（采自潘絜兹插图）

录》、《碧血剑》、《倚天屠龙记》等6部。获十项奥斯卡大奖提名的电影《卧虎藏龙》，以一把削铁如泥的青冥剑而风靡全球影坛。至于以剑为意象的古今诗词歌赋更是数不胜数，其中尤以唐代大诗人李白最为突出。据统计，《李白诗歌全集》共964首诗，其中描写或提到剑的有近百首之多。"安得倚天剑，跨海斩长鲸"、"愿将腰下剑，直为斩楼兰"……气势磅礴、以剑抒怀的诗句随处可见。而"宁知草间人，腰下有龙泉"、"万里横戈探虎穴，三杯拔剑舞龙泉"等吟诵龙泉宝剑的佳句，至今为人们所乐道。

锻制技艺

欧冶子铸剑的故事在龙泉家喻户晓，他被奉为宝剑的祖师爷。至今依然被供奉在龙泉的庙宇、祠堂等场所。而沈新培、陈阿金等后人继承了祖师爷的衣钵，以自己精湛的技艺维护着龙泉宝剑的美誉。

锻制技艺

　　龙泉宝剑的制造过程非常复杂，可分剑身锻造、剑鞘制作和装具配置三大部分，每一部分都有十多道工序，如细分后则有上百道工序，是历代制剑匠人在长期的实践中，不断探索和积累的结果。

[壹]制作流程

1.剑的结构及各部分名称

　　剑一般由剑身、剑鞘、装具三大部分组成。

　　剑身又称剑条，造型修长，两侧出刃，中间为脊。其剖面形状常见的有四面（菖蒲形）、六面、八面等三种。有的剑身上带槽，有单槽、双槽

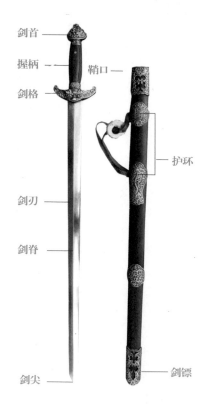

剑首
握柄
鞘口
剑格
护环
剑刃
剑脊
剑尖
剑镖

龙泉宝剑结构示意图（易学文作图）

◎欧冶子铸剑的故事在龙泉家喻户晓，他被奉为宝剑的祖师爷，至今依然被供奉在龙泉的庙宇、祠堂等场所。而沈新培、陈阿金等后人继承了祖师爷的衣钵，以自己精湛的技艺维护着龙泉宝剑的美誉。

之分。

剑身的手握部分称剑柄，又称剑把，包括剑首、握柄和剑格（护手）。

剑鞘俗称剑壳，剑鞘上装配有鞘口、挂环、护环、剑镖等部件。这些部件与剑柄之剑首、护手称为剑的装具，多为铜制。

2.工器具

龙泉宝剑锻制技艺涉及多种工器具。按工种大体可分为锻造类、制木剑鞘类和制装具类三大类工器具。

锻造类：

锻炉　由砖坯或石块砌成，外形与一般打铁铺的锻炉相似，但炉膛较深，以便于长条剑身烧炼，一般深约80厘米。底部为炉栅，旁设风管，外接木风箱。

木风箱　外形有长方体和圆筒体两种。长方体的箱体用木板拼成，箱体前后端设有活门，箱内装有可以推拉的一个大活塞，有拉手露在箱外，通过推拉可以鼓风。圆筒体的木风箱，结构与长方体木风箱差不多，只是箱体用整块圆木挖成。

铁砧　供放置坯料锻打之用。有热砧和冷砧之分，热砧为凸面，用于热锻；冷砧为平面，用于冷锻。

铁锤　按大小分为大锤、二锤、手锤（又叫小锤），重量分别是八斤、四斤、二斤。如按用途分，有爬锤和开锤两种，爬锤

铸剑工场

一头圆，一头窄，用于打长；开锤一头方，一头竖长，用于打宽。这两种又分大、中、小三号。按性质又可分热锤、凉锤。热锤打热件，凉锤打凉件。其中手锤分得最清。

另外还有用于修正的铲刀、削刀、锉刀；供热处理时用的淬火木桶（盆）；用于磨砺的磨石按粗细分，有白石、红石、亮石、养锋石等。

制木剑鞘类：

制木剑鞘类工器具主要指木工工具以及锯床、刨床、铣床和砂光机、抛光机等木工机械。

◎欧冶子铸剑的故事在龙泉家喻户晓，他被奉为宝剑的祖师爷，至今依然被供奉在龙泉的庙宇、祠堂等场所。而沈新培、陈阿金等后人继承了祖师爷的衣钵，以自己精湛的技艺维护着龙泉宝剑的美誉。

淬火水桶和各种铁钳

装具类：

分压铸、蜡模浇铸和包铜，包铜装具的制作，包括剪、冲、刻、雕、焊等工器具。

3.工序

剑身锻造：配料—锻合—成型—镂刻—鎏铜—砂削（铲、锉）—淬火—修正—磨砺—装配（鞘、装具）—成品—检验—入库

剑鞘制作：配料—开片开槽—胶合—修正成型

装具配置（以包铜为例）：落料—刻花—样壳

（1）**剑身的锻造** 包括配料、锻合、复合、镂刻、淬火和磨砺等工序，其中锻合有热锻和冷锻之分，以热锻为主。剑身的热锻一般由二人进行，由上手（通常为老师傅）掌钳，下手（龙泉称"背大锤"）挥大锤锻打。上手要拉风箱，添木炭，随时观察锻件火候（烧红程度），掌握始锻温度和终锻温度，不时在炉内翻动或移动锻件。待烧足火候，上手师傅啪嗒啪嗒紧拉几下风

箱，左手掌钳快速取出被烧得通红的锻件置于铁砧上，右手拿小锤"丁"地在铁砧边上一敲，早已候在铁砧边的下手紧接着挥大锤锻打，顿时响起急促的丁当声，火花四射。有轻有重，有紧有慢，节奏分明。几十个来回后，随着锻件颜色渐暗，温度降低，上手的小锤往铁砧上又是一敲，只听"丁"的一声，下手的大锤应声戛然而止。锻件复入锻炉加热，如此反复锻打数次，直至打成长条剑坯。操作过程中需时时观察火候，控制锻件的尺寸、形状和性能，这全凭铸剑师的眼力以及锤上、钳上的经验和功夫。

配料 选择好的原料是制作宝剑的先决条件。龙泉宝剑以毛铁和钢为原料锻制而成（不包括纯钢锻制的普通工艺剑和武术健身剑）。龙泉坊间有"三斤毛铁半斤钢"之说，老铁匠据各自的经验有两种解释，一是三斤毛铁可锻得半斤钢，即《天工开物》中所谓"（毛铁）受锻之时，十耗其三为铁华、铁落"，如得精钢，则损耗更大，往往十斤原料仅得一斤余花纹钢剑坯；另一种

毛铁和钢的坯料

◎欧冶子铸剑的故事在龙泉家喻户晓，他被奉为宝剑的祖师爷，至今依然被供奉在龙泉的庙宇、祠堂等场所。而沈新培、陈阿金等后人继承了祖师爷的衣钵，以自己精湛的技艺维护着龙泉宝剑的美誉。

说法则是三斤毛铁配半斤钢，即配料比例是6：1。从实践结果来看，毛铁与钢之间适当的比例和含碳量的差距，有利于锻合并得到较为清新、醒目的锻纹。

锻合 指两种或几种含碳量不同的铁或钢，通过加热锻打而和合，龙泉行话称为"烊火"。烊火时的燃料有的用松炭，也有的用硬炭，但都要将炭在黄泥中浸淘成"浆炭"后才能使用，据说有利于烊火。将块状毛铁入炉加热，始锻时轻锤，再渐重。经反复锻打排除杂质，成为所需大小和厚度之铁片，这个过程称为"素锻"。取同样大小和厚度的碳钢片，与铁片叠合组成坯料，可根据需要搭配，组成两层、三层、四层或五层的叠合。然后入炉猛烧，当坯料有火星迸出（约1200度）时，将铁料取出锻打，快速锻扁、锻实。复加热，用重锤逐步锻打，打长打扁，再反复折叠锻打。经热锻后的剑坯，用手工锤全面冷锻，平直成型，使其达到所需规格和形状的要求。冷锻可强化金属，使剑坯表面

坯料入炉烧红

冷锻修正

金庸先生在季长强剑铺锻剑现场观摩

冷锻

◎欧冶子铸剑的故事在龙泉家喻户晓，他被奉为宝剑的祖师爷，至今依然被供奉在龙泉的庙宇、祠堂等场所。而沈新培、陈阿金等后人继承了祖师爷的衣钵，以自己精湛的技艺维护着龙泉宝剑的美誉。

结实硬化，最佳者为"铁色青黑，莹澈可鉴毛发"。折叠锻打的层数，如折叠前材料为两层，折叠一次后是四层，折叠两次是八层，折叠三次是十六层……以此类推，多者达数万层。在同等材料的情况下，折叠锻打的方式能决定花纹的形态和清晰度，锻打折叠的次数多，花纹细微精密，少则花纹简单粗放。叠打出的花纹如流水（水波纹），团打出的花纹如云朵（云纹），旋拧锻合或旋拧对合，则往往可得到形态较为复杂的花纹，如卷云纹、螺旋纹、羽毛纹、松针纹、龟纹等。

复合 指在剑的刃部夹钢（嵌钢）或包钢技术，使剑具有既刚且韧，既十分锋利又不易折断的良好性能。剑的夹钢锻造通常为三层结构，上、下层为铁片（或花纹钢片），中间为碳钢片，叠成复合坯料后入炉加热至1200度，经快速锻打焊合，整体锻延到所需规格的剑坯。还有一种嵌入法，常用于刀，待熟铁刀体锻成后趁铁红时，用阔凿将刃部劈开，中间嵌进钢板条，再经加

削

铧

热锻合。无论是夹钢法还是嵌钢法，其锻造结合十分牢固，因而成为古代兵器锻造的一种重要技术，也是目前龙泉宝剑锻制技艺中一个重要的特点。包钢通常是钢包铁，形成"钢表铁里"，有时也以铁包钢，成为"刃钢脊铁"。其中以碳量较高的硬钢或百炼钢作剑表层，含碳较低的熟铁作为剑的中芯层，其性能尤佳。据《天工开物》记载："刀剑绝美者，以百炼钢包裹其外，其中仍用无钢铁为骨。若非钢表铁里，则劲力所施，即成折断。"古代顶级的宝剑宝刀都是采用百炼钢包铁复合技术制

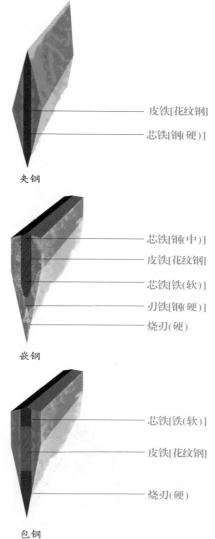

夹钢
皮铁[花纹钢]
芯铁[钢(硬)]

嵌钢
芯铁[钢(中)]
皮铁[花纹钢]
芯铁[铁(软)]
刃铁[钢(硬)]
烧刃(硬)

包钢
芯铁[铁(软)]
皮铁[花纹钢]
烧刃(硬)

复合示意图（周正武、易学文作图）

◎欧冶子铸剑的故事在龙泉家喻户晓，他被奉为宝剑的祖师爷，至今依然被供奉在龙泉的庙宇、祠堂等场所。而沈新培、陈阿金等后人继承了祖师爷的衣钵，以自己精湛的技艺维护着龙泉宝剑的美誉。

采用蚀刻的纹饰（季樟树藏剑）

鋈铜后的铭文

剑身上手工镂刻铭文或龙凤图

成的。

　　镂刻　指在剑身上镂刻龙凤七星图、剑名，或其他装饰图案和铭文的工艺。熟练的刻剑师无须打图样，直接在剑身上用手工钢针镂刻，也有采用蚀刻的。有的剑要"鎏铜"，即加热剑身，在刻好的图案和铭文处淋上熔化的铜液，冷却后经砂磨修正，剑身上的图样即呈古铜闪亮的装饰效果。如剑身两面均有图文，鎏铜时需采用熔点不同的紫铜和黄铜先后分别进行。

　　淬火　俗称"蘸火"，是一种金属热处理工艺，也是龙泉宝剑锻造过程中一项很重要的技术，如淬火不当，轻者导致剑身性能过硬或过软，重者开裂报废，前功尽弃。其操作方法看似简单，将已锻好的剑坯烧红，达到一定温度后随即浸入水或油中急

淬火前将剑身入炉加热

将烧红的剑身迅速浸入水或油中

◎欧冶子铸剑的故事在龙泉家喻户晓，他被奉为宝剑的祖师爷，至今依然被供奉在龙泉的庙宇、祠堂等场所。而沈新培、陈阿金等后人继承了祖师爷的衣钵，以自己精湛的技艺维护着龙泉宝剑的美誉。

速冷却，以改变内部组织结构，从而提高剑身的硬度、强度和耐磨性。所用冷却剂不同、温度不同以及淬火时间长短不同，都会影响到剑的柔韧（弹）性和刚利性，而这一切全凭铸剑师长期实践经验的掌握和运用。传统的淬火冷却液为水，水虽然到处都有，但选择什么样的水是大有讲究的，所以古代有"汉水纯弱，不任淬用，蜀江爽烈，是谓大金之元精"以及"清水淬其锋"的说法。现代金属热处理学认为，由于不同地区取得的水所含杂质和盐类成分是不同的，这对淬火冷却速度有明显影响，从而造成淬火工件性能的不同。龙泉宝剑的传统工艺取当地剑池湖之水淬火，这是龙泉宝剑特别坚利的奥秘之一，蕴含着一定的科学道

冷却后出水，完成淬火

回火，以获得良好的强度和韧性的统一

在从粗到细的磨石上磨砺　　　　　　　　研磨

理。淬火后还需要回火，即重新加热后缓慢退火，用来调整由于淬火而增加的硬度，不致刃部过硬过脆。

　　磨砺　龙泉宝剑的磨砺非常讲究，分头堂、二堂、三堂等，即粗磨、细磨、精磨和研磨。头堂用白石、红石，磨去剑身上的锉刀痕。二堂用细度油石、亮石，磨去头堂的红石痕和白石痕。磨砺时边磨边蘸水洗边观察，依次经过三四堂，甚至五六堂的磨砺，直至平整光亮，脊线笔直，槽线标准。最后经过研磨，剑身呈现出镜面和异光花纹之效果，光鉴可照，寒光逼人，其花（锻纹或热处理的刃纹）自现，极富美感。一把上好剑的磨工，少者五六天，多者十多天，是慢工细活，故有磨剑之工倍于锻打之说。因磨剑费工费时且极具技术性，一般由专业磨工担任，最后的研磨，则必须由经验丰富的技师完成。剑铺之学徒在"背大锤"打铁之余，还必须学会磨剑，以此培养耐心、细心、吃苦（特别是冬天磨剑非常辛苦）的精神。所谓"十年磨一剑"，虽然是夸张之词，但一定程度上说明磨剑在制剑工艺上的重要性和所花费的工夫。

（2）**剑鞘的制作** 剑鞘木材多采用花榈木，花榈木（学名鄂西红豆树）质地坚硬，纹理秀美，色泽褐黄，古色古香，不必加漆，越用越亮。也可按需要选用乌木、红木、紫檀、黄花梨、鸡翅木等。无论采用哪一种木材，在制作前必须经过干燥处理，以防开裂变形。先按剑的形制大小取料，然后开片、开槽、胶合。如选用材质较硬的木材，应先在内层衬上较软的薄木片，以利于保护剑刃。待胶合牢固后将外形刨削成椭圆，使之造型美观，符合设计要求，且表面光滑无痕。好的剑鞘须剑身入鞘松紧相宜，确保剑身不易滑脱。杂木制的剑鞘要上色漆，涂、喷、淋均可。有的木剑鞘要包裹鲨鱼皮或表面雕刻龙凤。

（3）**装具配制** 龙泉宝剑的全套装具包括剑把上的剑首、套环、护手（剑格）以及剑鞘上的鞘口、挂环、护环、标牌、剑镖等。同一把剑的装具，其材质、装饰图案和风格应协调一致，须依据剑意统一构思设计。装具的材料一般采用铜，因为铜便于加工成型，易于磨光装饰，且具审美价值。其次为锌合金，贵重者为银，铁装具较少。常用的金属装具制作工艺有压铸、浇铸和手工包铜三类，分别应用于不同档次的产品。剑鞘和装具又总称剑装，其功能一为有利于剑体的保护及用剑者之安全，二为整剑外观艺术装饰之重点，是一把完整的好剑所不可缺少的，并起到锦上添花的

按剑的形制开片、开槽、胶合

高档剑的红木剑鞘

◎欧冶子铸剑的故事在龙泉家喻户晓，他被奉为宝剑的祖师爷，至今依然被供奉在龙泉的庙宇、祠堂等场所。而沈新培、陈阿金等后人继承了祖师爷的衣钵，以自己精湛的技艺维护着龙泉宝剑的美誉。

精修铸铜装具

铜装具上镂刻纹饰

剑鞘上裹鲨鱼皮

作用。剑装历来为铸剑师所重视，精心设计和精心制作。

（4）**装配和检验** 将已制作完工的剑身、剑鞘、装具等半成品，组合装配为一把成品剑，这是最后一道工序。首先在剑茎上装配护手、剑把、套环、剑首，有的剑需要在剑把绕上编织带，以利于手握。然后剑身配上剑鞘，剑鞘上装配金属鞘口、套环、标牌、剑镖等装具。至此，一把完整的剑装配完成。

一把成品龙泉宝剑，在出厂之前要进行质量检验，必须符合产品质量标准，如系新研制开发或客户定制的新产品，还应达到产品设计的相关要求。产品质量是铸剑师艺术素养和技艺水平的体现，质量不过关，也就无技艺可言，失去了使用价值和艺术价值。检验一把龙泉宝剑是否合格，一般而言应注意以下三方面：一是剑身形制、规格、重量须符合要求。剑身平直光洁，剑脊明显，表面无凹

装配整剑

◎欧冶子铸剑的故事在龙泉家喻户晓，他被奉为宝剑的祖师爷，至今依然被供奉在龙泉的庙宇、祠堂等场所。而沈新培、陈阿金等后人继承了祖师爷的衣钵，以自己精湛的技艺维护着龙泉宝剑的美誉。

痕或裂痕等瑕疵，光泽呈青光，有弹性（长锋剑的剑尖至380毫米这段弯曲弧度为90度，仍可弹回，恢复如初）。铭文、图饰清晰，鎏铜饱满。二是剑鞘外形标准，表面平整光滑，不开裂、不变形。剑身入鞘松紧适宜，鞘口与剑格吻合。三是装配牢固，剑柄绝无松动现象，所有金属装具应紧贴剑鞘，配合紧密。剑梁或挂环的定位适宜，悬挂时剑的倾斜度在30度至45度之间。

　　传统手工制龙泉花纹宝剑，其花纹、锋利度、弹性被称为"名刃三绝"，而花纹和难锈难蚀则是最为基本和重要的性能。

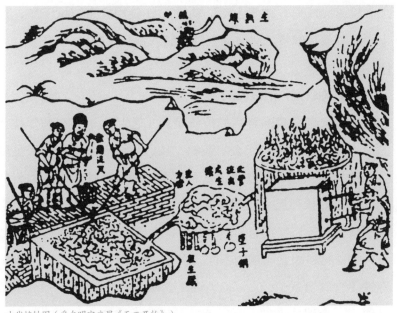

古代炼铁图（采自明宋应星《天工开物》）

好的花纹宝剑花纹自然，发于内，露于外，看得见，难触摸，只要剑身尚未磨蚀尽，花纹就永远存在。而有些假花纹剑的所谓花纹，只要用砂纸轻轻打磨就不见了。花纹要细腻、清新、自然流畅、绚丽多姿。在剑身平整光亮的情况下，花纹呈现出最佳的视觉效果。像珍珠纹、卷云纹、龟纹、羽毛纹等，即是花纹剑中的上品。反之，花纹模糊不清、纹彩灰暗，则为低劣品。好的花纹宝剑表面呈现出一种特有的亮色，且耐磨蚀不易生锈，这是由于经过多次反复锻打，密度加大，质量增加所形成的。

检验完成后，剑身上涂防锈油，外装用软布擦拭干净，并配上彩色剑穗和佩带，然后套上剑袋装入剑盒（匣）。

[贰]技艺特色

1.百炼成钢，锻以成剑

龙泉宝剑是我国著名的传统金属工艺品之一，在制作技艺上的最大特色是锻制。什么叫锻制？按近代金属学理论，锻是属于金属压力加工的一种方法，是利用金属的延展性，以外力将其轧制成一定形状和尺寸的钢料的加工技术。但是，传统的龙泉宝剑锻制技艺，还与传统的制钢术有关，先锻炼成钢，再锻以成剑。

钢铁材料因含碳量的不同，可分为生铁（含碳量高于2%）、熟铁（含碳量低于0.04%）、钢（含碳量介于0.04%—2%）。一般说来，含碳量增加，强度增加，延展性降低。因此熟铁太软，

◎欧冶子铸剑的故事在龙泉家喻户晓，他被奉为宝剑的祖师爷，至今依然被供奉在龙泉的庙宇、祠堂等场所。而沈新培、陈阿金等后人继承了祖师爷的衣钵，以自己精湛的技艺维护着龙泉宝剑的美誉。

锻打

生铁太硬，钢既有较高的强度，又有较好的韧性，且可经热处理调整组织结构和性能。传统的制钢术有两类，一是通过加热熟铁（块炼铁）渗碳，经反复锻打制成；二是通过生铁脱碳制成。龙泉宝剑继承了欧冶子百炼钢技术的传统，是我国古代优秀刀剑锻制技艺的代表。汉代的百炼钢剑，宋代的灌钢法蟠钢剑，都是采用这种工艺锻制而成的。龙泉宝剑继承了欧冶子百炼钢技术的传统，是我国古代优秀刀剑锻制技艺的代表。

现在许多地方所产的刀剑（包括龙泉部分厂家的普通工艺剑、武术健身剑），均采用纯钢（多为45号中碳钢）制作，其锻造的工艺比较简单，只要将钢料加热直接锻打成型即可。龙泉宝剑的传统工艺是以毛铁和钢为原料，所谓毛铁是取当地河滩上的铁砂，经土法冶炼而成的熟铁块，质较松且含杂质，但柔软性好。把毛铁放在炭炉中加热，反复锻打，不断挤掉杂质，致密结构。同时，因在炭火中反复加热，又起到了不断渗碳的作用，如此反复的锻炼，使其成为具有一定含碳量的优质钢材。因为碳是从表面向里层逐渐渗进去的，所以这种渗碳钢片的表面含碳量多，而里边则含碳量少。把几个不同的渗碳钢片锻接起来打成长剑，在锻合后的钢剑上出现含碳不均匀的分层现象，因含碳量较高的颜色较淡，含碳量较低的颜色较深，如此深淡相间，明暗相映的层次，在剑身上看起来就像花纹一样了。正是这种传统锻制技艺，使龙泉宝剑有别于其他刀剑产品，具有异光花纹的艺术效果以及坚韧锋利、刚柔相济、寒光逼人、纹饰巧致四大特色而名闻天下。

　　龙泉宝剑是锻制而成的，为什么称"铸剑"？又称制剑匠师为"铸剑师"呢？古文献中历来有"铸剑"一词，最早见于春秋末的史书《国语》："美金以铸剑戟。""美金"即青铜，意思是说青铜可以铸剑、戟。青铜剑的铸造方法大体上包括：制范，制作有剑型的型范；熔炼青铜溶液；浇铸，将青铜溶液浇灌入剑范，冷却凝固，铜剑成型；刮削修正，砥砺开刃。这个制青铜剑的技术过程就称为"铸剑"。青铜剑自商代开始，历经春秋战国，至汉代才完全为钢铁剑所取代，占据战争舞台长达千年。因此，在一些古代典籍和文学作品中，"铸剑"一词屡见不鲜，久而久之成了制剑的代名词。而钢铁剑非锻造无以成就，仍称为"铸剑"，是古人沿袭旧说的习惯称谓，一直沿用至今。

◎欧冶子铸剑的故事在龙泉家喻户晓，他被奉为宝剑的祖师爷，至今依然被供奉在龙泉的庙宇、祠堂等场所。而沈新培、陈阿金等后人继承了祖师爷的衣钵，以自己精湛的技艺维护着龙泉宝剑的美誉。

2.装饰技法，丰富多彩

龙泉宝剑的装饰工艺，包括剑身表面加工中的镂刻、错金银、鋈铜、鋈（镀）金银、镶嵌，以及剑鞘的雕刻、髹漆、裹鲨鱼皮等技法，以增进功能、装饰外表、保护防腐为目的，同时，这也是提高宝剑艺术品位的重要手段，历来为铸剑师所重视。它是以铸剑师（锻工）为核心，兼及金工、木工、雕工和漆工的一门综合性技艺，装饰内容之丰富，装饰手法之多样，成为龙泉宝剑锻制技艺的又一特色。

龙泉宝剑刃身的外观造型有四面剑，还有六面剑、八面剑，表现了丰富的制作技艺。如八面剑的剑身造型根据几何学原理，两面共呈八个平面（左右两侧各两个平面）六条脊线，所有平面和脊线在剑尖处汇合成一尖点，呈现出极其美观的装饰效果。剑身上的龙凤七星或铭文等纹饰，常用鋈铜技艺，根据熔点的高低，一面鋈黄铜，另一面鋈紫铜，以保证鋈铜饱满不会流失，这是龙泉宝剑艺人智慧的结晶。错金银，指在剑身

集多种装饰技法于一身的唐刀。蜡模精铸（菊花纹饰）、铜装镀金、鞘和柄包彩色鲨鱼皮（制作者周正武）

鎏铜后刻花效果（周唐强提供）

上绘好所需图案，以凿刀刻出外窄内宽的沟槽，然后将金、银等薄片锤打入槽中，薄片受力后遂紧嵌于槽壁内，不易脱出，最后以错石错平表面即成。此种工艺精致，线条细致流利，金银对比，一般用于高档剑的装饰。龙泉宝剑完成手工磨砺后，还要经过"养光"这道工序，使之更显青光闪烁、光芒艳发，这是龙泉宝剑艺人的独创。

许多高档剑的铜装具造型美观，纹饰精细，或有镂空装饰，则采用蜡模浇铸技艺，其工艺为按设计图稿先以蜡雕制原型，再覆以细砂，并使之密实，预留灌浆的孔道，然后灌以高

◎欧冶子铸剑的故事在龙泉家喻户晓，他被奉为宝剑的祖师爷，至今依然被供奉在龙泉的庙宇、祠堂等场所。而沈新培、陈阿金等后人继承了祖师爷的衣钵，以自己精湛的技艺维护着龙泉宝剑的美誉。

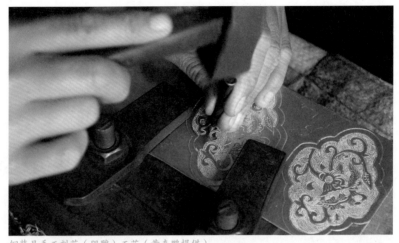

铜装具手工刻花（阴雕）工艺（黄克鹏提供）

热的铜溶液，蜡遇热熔化而流失，熔浆遂填补其缝隙，待冷却后取出铜型进行修整即成，纹饰精美生动，极富艺术性。有的还要鎏金，先以金或银与水银合成汞剂，涂于装具表面，然后加热，使水银蒸发，表面即有金或银之薄膜附着，最后以金属物推实即成。剑装具上镶嵌玉石以示华美高贵，也是常用的装饰技法。剑鞘的装饰以雕刻龙凤、髹色漆或包裹鲨鱼皮为主，给人以端庄大气之感。随着时代的进步，传统与创新相结合，今天的龙泉宝剑锻制技艺有了专业化的分工，除铸剑师（锻工）之外，还有美工师、磨剑师、铜艺师、油漆师和装配工等。但是，铸剑师的技艺和素质，始终是制作一把好剑的决定性因素。有人说"铸剑师必须会打铁，但打铁匠不一定会铸剑"，此话不无道理。

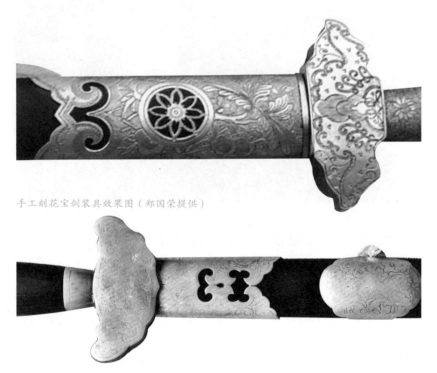

手工刻花宝剑装具效果图（郑国荣提供）

铜装具纹饰错银剑（制作者汤汝平）

[叁]产品特色

1. 锋刃锐利

在古代的一些文学作品中，常以"削铁如泥，吹毛立断"来形容宝剑的锋利。唐代诗人裴夷直《观淬龙泉剑》中，就有"莲花生宝锷，秋日励霜锋。炼质才三尺，吹毛过百重"的描写。《三国演义》中曹操有宝剑两口，一名倚天，一名青釭，"那青

◎欧冶子铸剑的故事在龙泉家喻户晓，他被奉为宝剑的祖师爷，至今依然被供奉在龙泉的庙宇、祠堂等场所。而沈新培、陈阿金等后人继承了祖师爷的衣钵，以自己精湛的技艺维护着龙泉宝剑的美誉。

"莲花生宝锷，秋日励霜锋"（周正武提供）　　利可斩竹

缸剑砍铁如泥，锋利无比"。又如《水浒传》中，杨志的宝刀也是砍铜剁铁，吹毛得过。金庸先生的《书剑恩仇录》中有一把凝碧剑，剑光如一泓秋水，一剑削下，其他刀剑应声而断。龙泉宝剑的锋刃锐利，远比文学作品中的夸张更为现实。2004年，中央电视台国际频道拍摄的《走遍中国——龙泉宝剑》专题片中，一位年轻力壮的小伙子，举起一把龙泉宝剑（重剑），对着叠合在一起的十个铜板，挥臂劈下，"啪"的一声，只见铜板已分为两半，再举剑一挥，一束两三毫米粗的铁丝齐刷刷地被斩断，而剑刃无损。有一次，几位上海的刀剑爱好者来到龙泉，要亲自试一试龙泉宝剑的锋利。在山上竹林里，他们手起剑落，一株直径五六厘米粗的毛竹应声而断。接着试斩浸过水的韧性很好的草

席，只见寒光一闪，一捆直径20多厘米的草席拦腰斩断，又是来回嚓嚓几剑，草席已被斩成六七段。再细看手中之剑，剑刃完好如初，丝毫无损，响起一片掌声，大家啧啧称赞龙泉宝剑之利果然名不虚传。据有关专业机构科学检测，这种传统工艺锻制而成的龙泉宝剑，其锋刃的硬度在52—60HRC，难怪如此锋利。

2．刚柔相济

对钢铁刀剑来说，最重要的机械性能是强度、硬度和韧性的高度统一。硬度太低韧性好，容易卷刃；硬度太高韧性低，又容易折断，所谓"峣峣者易缺"。据北宋科学家沈括的《梦溪笔谈》记载，钱塘人有一宝剑，十枚大铁钉陷于柱中，挥剑即断，还可将剑弯曲如钩，一放手则复直如弦，这不是平常的铁制造的。自古以来，被称为宝剑名刃的必具备锋利和弹性两大特征，它们很难兼得，唯用料得当技艺高超者，方可兼而得之。龙泉宝剑因采用特殊的配料和传统的复合锻造工艺，使得剑身

做弹性试验（周正武提供）

强度（弹性）好而刃部硬性好，这种剑刃刚强，剑脊柔韧，就是刚柔相济的优良品质。一把上好的龙泉宝剑，不但可削铁如泥，剑锋部位可弯曲90度而不变形。还有一种能屈能伸的软剑，"何意百炼钢，化作绕指柔"，双手可将剑卷曲360度成一圆圈，束在腰间像一根腰带。左手一松，"嘘"的一声，宝剑弹回原状，挺直如故。武术健儿手舞一把软剑，嗖嗖之声中剑光如电，令人眼花缭乱，惊心动魄。

3. 寒光逼人

"寒光"在词典中的解释指"惨白而令人心寒的白光"，常用来形容刀剑的肃杀令人恐惧心惊，如"寒光一闪，剑已出鞘"。宋太宗赵炅有一首诗《缘识》，对龙泉宝剑寒光逼人的特

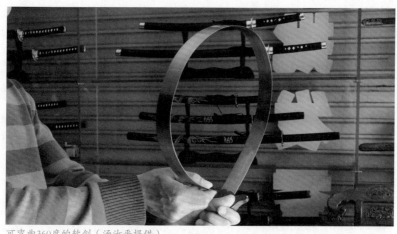

可弯曲360度的软剑（汤汝平提供）

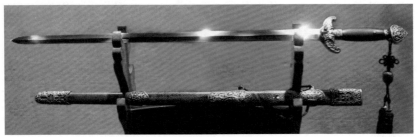

出匣吐寒芒。龙泉宝剑及装具（周正武提供）

色作了淋漓尽致的描写："我曾闻昆吾有铁，九炼方成冰似雪。
玉彩精晶耀日月，风霜凛凛甚威烈。新磨刃上七星文，谁敢锋前
布阵云。黯黯凌空魑魅怕，销尽邪魔并诡诈。寒光到处鬼神愁，
哮吼乾坤一片秋。龙泉剑，龙泉剑，我用似波流，升平无事匣中
收。"宋太宗笔下的这把龙泉剑，它如冰似雪，风霜凛凛，光耀
日月，魑魅怕鬼神愁，销尽邪魔哮吼乾坤，可见威力之大。现在
许多地方生产的刀剑在抛光后电镀，也有的直接用不锈钢制作，
其洁白的光芒，虽然也堪称夺目耀眼，而与龙泉宝剑的自然青
光、寒光逼人相比，那就不免相形见绌了。"白如积雪，利若秋
霜"，龙泉宝剑冷不防从鞘中"霍"地一下抽出，它那威严的寒
光如闪电划过，足以令人不寒而栗。

4. 纹饰巧致

龙泉宝剑的纹饰制作精巧细致。唐代诗人李峤《宝剑篇》写
道："背上铭为万年字，胸前点作七星文。龟甲参差白虹色，鹿

◎欧冶子铸剑的故事在龙泉家喻户晓，他被奉为宝剑的祖师爷，至今依然被供奉在龙泉的庙宇、祠堂等场所。而沈新培、陈阿金等后人继承了祖师爷的衣钵，以自己精湛的技艺维护着龙泉宝剑的美誉。

卢宛转黄金饰。"对剑身上精美的铭文、七星纹饰和龟裂纹，以及黄金装饰的剑把作了生动的描写，形象地展示了龙泉宝剑高超的装饰技艺及其华美精巧的艺术特色。龙泉宝剑的纹饰有瑞兽、花草、星辰、山水、人物、文字等图样。古代有"剑化龙"或"龙变剑"之说，古籍中有"剑状如龙蛇"、"剑之在左，青龙之象也"等记载。又因剑称"龙泉"，故龙泉宝剑之纹饰尤以龙纹最为常用。根据剑的文化含义，龙泉宝剑选择各具时代特色和艺术风格之龙纹作为纹饰。如新石器时代的原龙、商周时的夔龙、秦汉时的飞龙、唐宋时的行龙、明清时的大龙和近现代的祥龙，各种富有时代特色的龙形象，或翱翔于云际，或翻腾于波浪，或双龙抢珠，或九龙戏水等等，光彩熠熠，应有尽有。在传统的中国龙泉宝剑的剑装上，有一种剑格造型纹饰是睚眦。相传睚眦是龙生九子中的老二，平生好斗喜杀，因此其形常

清代龙泉剑睚眦纹装具

唐刀装具

福寿剑装具

用于剑的柄上或刀的吞口。睚眦纹的剑格威严逼人，更增添了龙泉宝剑慑人的力量。

[肆]地域特点

1．地理标志

　　龙泉宝剑，特指以浙江省龙泉市这一地理标志标示地区内所生产的刀剑产品，有着鲜明的地域特色。其生产地古时为龙泉城

◎欧冶子铸剑的故事在龙泉家喻户晓，他被奉为宝剑的祖师爷，至今依然被供奉在龙泉的庙宇、祠堂等场所。而沈新培、陈阿金等后人继承了祖师爷的衣钵，以自己精湛的技艺维护着龙泉宝剑的美誉。

南秦溪山下，即今剑池湖遗址。现今全市80多家宝剑生产企业，主要分布在剑池湖所在地的龙渊镇（撤镇后设龙渊、剑池、西街第三个街道办事处）。位于剑池西路南大洋的宝剑园区，距欧冶子铸剑故地仅一箭之遥。龙泉宝剑是龙泉特有的自然因素和人文因素相结合的产物，是龙泉历代欧冶传人智慧和创造力的结晶，在生产原料、制作技艺、产品质量、产品信誉和产品文化等多方面具有特定的地方特色。这也是龙泉宝剑之所以成为我国工艺品中的名、优、特产品，素享盛名的原因。

明代《括苍汇记》"龙泉县境图"中的剑池湖。《括苍汇记》载，剑池湖"周围数十亩，湖水清洌，时有瑞莲挺出。旁有七星井，为欧冶子铸剑之所。"

2 . 剑乡习俗

欧冶子被奉为龙泉宝剑制作行业的祖师，为历代龙泉剑匠所崇拜，并形成了供奉欧冶子的风俗和制剑、购剑的行规习俗。旧时每家剑铺炼铁炉上都立有欧冶子神龛。每月初一、十五两日，要在神龛前燃香点烛，供奉三牲（熟猪肉、熟鸡和鱼鲞）。每日早晚还要膜拜两次。学徒进铺拜师学艺，要备一副三牲供奉祖师爷，先在炉上神位燃香点烛，向神位磕头，然后再向师父、师母、师兄施礼。学徒期满，有时还要为师傅做三年或四年工活，可得一半工钱，俗称"伴作"。龙泉民间至今还有"三年学徒，四年伴作"之谚。

据传，农历五月初五端午节是欧冶子铸出第一把宝剑、化龙飞去之日。龙泉剑匠认为这一天是铸出好剑的吉日，能得到欧冶子祖师的神助，于是每年的端午节，剑匠们都要去欧冶子庙参拜

龙泉宝剑厂内的祖师殿

◎欧冶子铸剑的故事在龙泉家喻户晓，他被奉为宝剑的祖师爷，至今依然被供奉在龙泉的庙宇、祠堂等场所。而沈新培、陈阿金等后人继承了祖师爷的衣钵，以自己精湛的技艺维护着龙泉宝剑的美誉。

祭奠，然后去秦溪山挖泥补炉，取剑池水担回家以备淬火之用。

　　龙泉境内有座山，特产一种名叫"亮石"的磨石。这种石头质地坚硬而细腻，是磨石中的佼佼者。相传，古时剑匠要在家焚香沐浴之后始得上山采集，有时一天之中也难得采到一两块真正的好石。采伐花榈木（制作剑鞘），必须先在正月初三上山选好树，并用红纸束住树干，以三牲祭祀山神，然后再于五月初五午时上山砍伐。

　　购剑也是很有讲究的，清朝末期民国初年时的军人购剑，须一身戎装，先去欧冶子庙瞻拜欧冶子将军，并在神位前敬香三炷，然后才去剑铺选购。俗称桃木能辟邪驱妖，故龙泉宝剑剑鞘有用桃木做成的，称桃木剑。道士欲购桃木剑，须身着道服在欧冶子庙叩拜后，再脱去道服去剑铺购剑。

祭拜祖师欧冶子

剑池取水

代表作品及传承人

玄天剑、三友剑……汉剑、周国华、沈廷璋、沈新培、陈阿金……龙泉宝剑锻制技艺在他们手中薪火相传。它们代表着龙泉宝剑的高超技艺，郑三古……

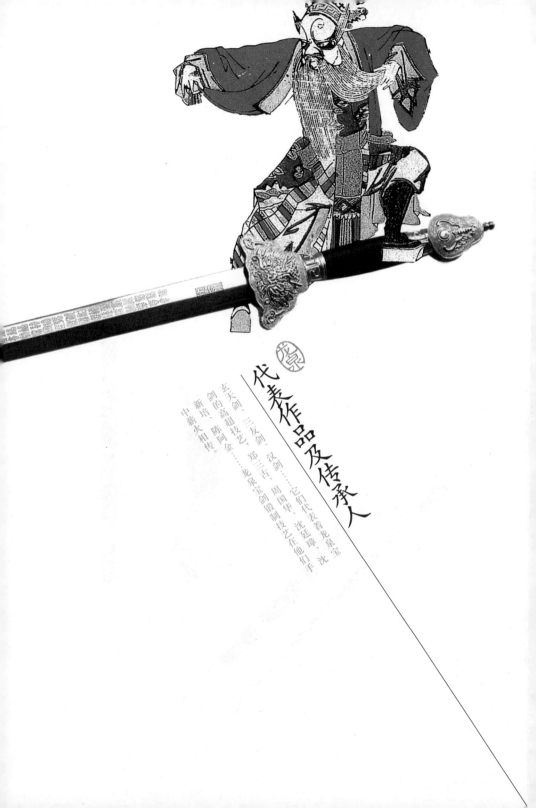

代表作品及传承人

[壹]当代龙泉宝剑精品选

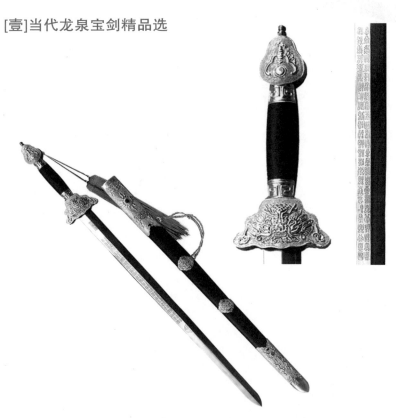

百寿百福剑，剑身两面镌刻百寿百福字，全银装具，
集福寿文化与剑文化于一体（制作者陈阿金）

◎玄天剑、三友剑、汉剑……它们代表着龙泉宝剑的高超技艺，郑三古、周国华、沈廷璋、沈新培、陈阿金……龙泉宝剑锻制技艺在他们手中薪火相传。

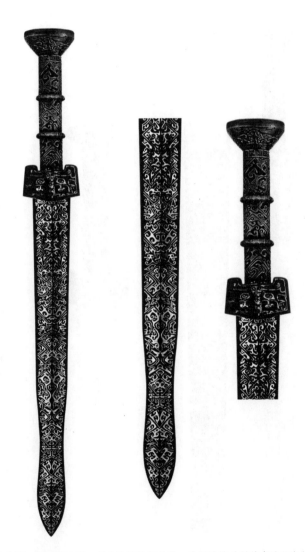

秦王剑，青铜剑造型，剑身纹饰华丽古朴，鎏铜绝技（制作者陈阿金）

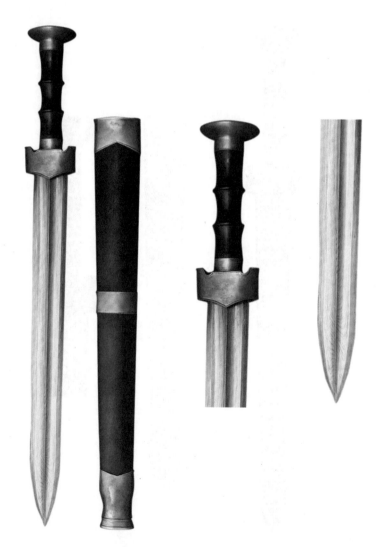

玄天剑，全手工制作，双槽剑身花纹绚丽，铜装具风格独特（制作者陈阿金）

◎玄天剑、三友剑、汉剑……它们代表着龙泉宝剑的高超技艺，郑三古、周国华、沈廷璋、沈新培、陈阿金……龙泉宝剑锻制技艺在他们手中薪火相传。

梅松竹岁寒三友之竹剑与梅剑，装具和剑柄以竹和梅为纹饰，清新秀丽（制作者沈新培）

九龟剑，全套铜装饰九龟而得名（制作者沈新培）

◎玄天剑、三友剑、汉剑……它们代表着龙泉宝剑的高超技艺，郑三古、周国华、沈廷璋、沈新培、陈阿金……龙泉宝剑锻制技艺在他们手中薪火相传。

玄武剑（制作者沈新培）

云花剑，剑身镂刻朵朵白云（鋄白铜）（制作者季樟树）

◎玄天剑、三友剑、汉剑……它们代表着龙泉宝剑的高超技艺，郑三古、周国华、沈廷璋、沈新培、陈阿金……龙泉宝剑锻制技艺在他们手中薪火相传。

龙渊古剑，紫铜外装，全手工制作，镶黄铜梅花纹饰（制作者季长强）

白龙剑，花纹钢手工锻剑刃，全铜外装，以龙为纹饰（制作者季长强）

◎玄天剑、三友剑、汉剑……它们代表着龙泉宝剑的
高超技艺，郑三古、周国华、沈廷璋、沈新培、陈
阿金……龙泉宝剑锻制技艺在他们手中薪火相传。

福寿剑，铁装手刻蝙蝠祥云，黄铜焊十个异体"寿"字（制作者季长强）

锟铻剑（2001年原龙泉县宝剑厂制）　　　　瓷纹剑（制作者张叶胜）

◎玄天剑、三友剑、汉剑……它们代表着龙泉宝剑的高超技艺，郑三古、周国华、沈廷璋、沈新培、陈阿金……龙泉宝剑锻制技艺在他们手中薪火相传。

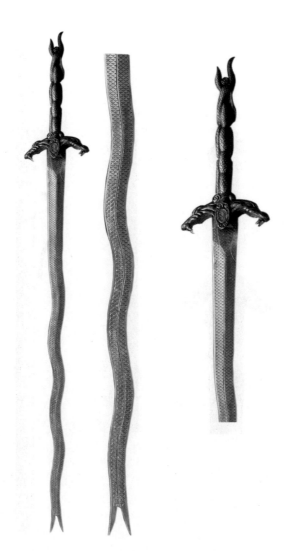

金庸小说《碧血剑》中之金蛇剑（制作者张叶胜）

龙泉宝剑（制作者张叶胜）

◎玄天剑、三友剑、汉剑……它们代表着龙泉宝剑的高超技艺，郑三古、周国华、沈廷璋、沈新培、陈阿金……龙泉宝剑锻制技艺在他们手中薪火相传。

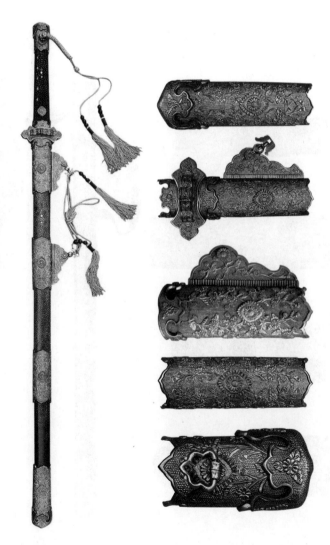

唐剑（制作者周正武）

睢眦装龙泉剑，清代龙泉剑之典型，手工折叠花纹剑刃，睢眦纹饰威严逼人（制作者周正武）

◎玄天剑、三友剑、汉剑……它们代表着龙泉宝剑的
高超技艺，郑三古、周国华、沈廷璋、沈新培、陈
阿金……龙泉宝剑锻制技艺在他们手中薪火相传。

汉剑，八面剑刃，手锻复合花纹，装具为玄武、朱雀、青龙、白虎"四圣"纹饰，
红檀木剑鞘（制作者周正武）

玉具汉剑，以汉代帝王玉具剑为原型，剑刃折叠花纹，汉式漆鞘，
尽显王者剑之风采（设计者吴锦荣，制作者周正武）

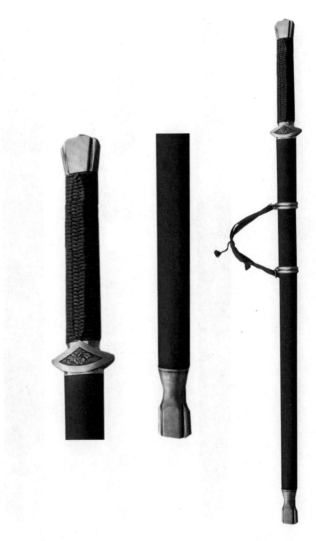

◎玄天剑、三友剑、汉剑……它们代表着龙泉宝剑的
高超技艺，郑三古、周国华、沈廷璋、沈新培、陈
阿金……龙泉宝剑锻制技艺在他们手中薪火相传。

莫邪剑，折叠钢剑刃，紫檀木剑鞘，黄铜外饰（制作者郑国荣）

百辟短剑，折叠钢剑刃，紫檀木剑鞘，铜装具精雕（制作者郑国荣）

◎玄天剑、三友剑、汉剑……它们代表着龙泉宝剑的高超技艺，郑三古、周国华、沈廷璋、沈新培、陈阿金……龙泉宝剑锻制技艺在他们手中薪火相传。

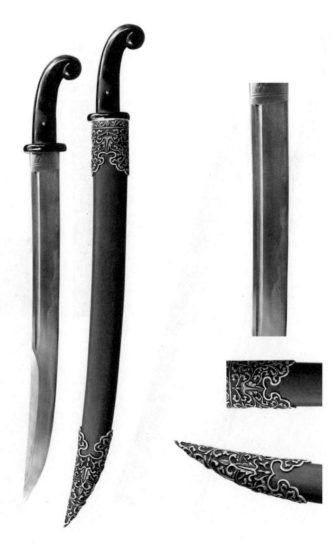

波斯小刀，折叠钢刀刃，精雕黄铜外饰，牛角柄（制作者郑国荣）

战国剑，剑刃高碳钢折叠花纹，镂刻螭虎纹，铁装具鋈铜（制作者胡小军）

◎玄天剑、三友剑、汉剑……它们代表着龙泉宝剑的高超技艺，郑三古、周国华、沈廷璋、沈新培、陈阿金……龙泉宝剑锻制技艺在他们手中薪火相传。

清刀，刀身高碳钢复合折叠马牙纹，镂刻龙纹，全包铁装，镶铜纹饰（制作者胡小军）

短剑，刃长25厘米，高碳钢折叠花纹，铜装云龙纹饰（制作者胡小军）

◎玄天剑、三友剑、汉剑……它们代表着龙泉宝剑的高超技艺，郑三古、周国华、沈廷璋、沈新培、陈阿金……龙泉宝剑锻制技艺在他们手中薪火相传。

仙鹤神剑，剑身镂刻八只形态各异的仙鹤并鎏铜，发黑工艺（制作者潘景光）

螳螂剑，剑刃手工锻造，铜装螳螂纹饰，镂空透雕（制作者朱建林）

◎玄天剑、三友剑、汉剑……它们代表着龙泉宝剑的高超技艺，郑三古、周国华、沈廷璋、沈新培、陈阿金……龙泉宝剑锻制技艺在他们手中薪火相传。

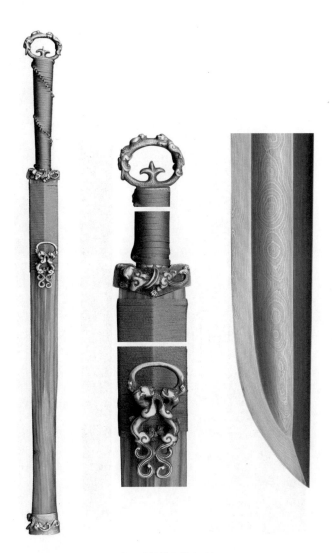

环首刀（制作者蒋小龙）

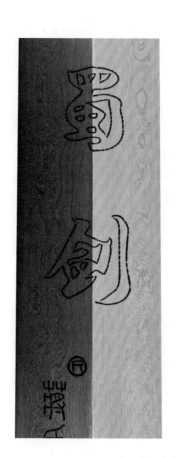

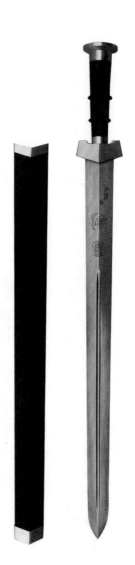

蜀剑（制作者蒋小龙）

◎玄天剑、三友剑、汉剑……它们代表着龙泉宝剑的高超技艺，郑三古、周国华、沈廷璋、沈新培、陈阿金……龙泉宝剑锻制技艺在他们手中薪火相传。

太子剑（制作者季忠）

游龙剑（制作者季忠）

◎玄天剑、三友剑、汉剑……它们代表着龙泉宝剑的高超技艺，郑三古、周国华、沈廷璋、沈新培、陈阿金……龙泉宝剑锻制技艺在他们手中薪火相传。

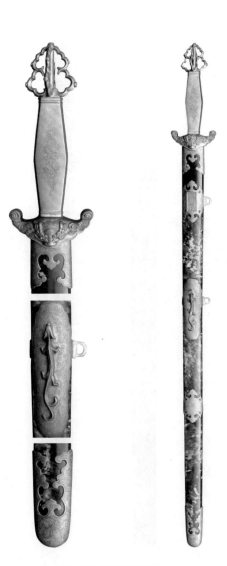

法杖剑（制作者周唐强）

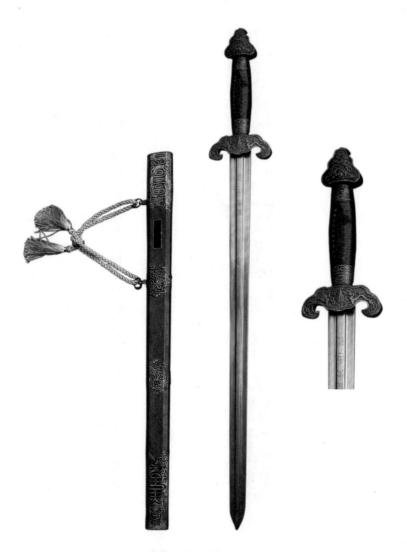

干将神剑（制作者汤汝平）

◎玄天剑、三友剑、汉剑……它们代表着龙泉宝剑的
高超技艺，郑三古、周国华、沈廷璋、沈新培、陈
阿金……龙泉宝剑锻制技艺在他们手中薪火相传。

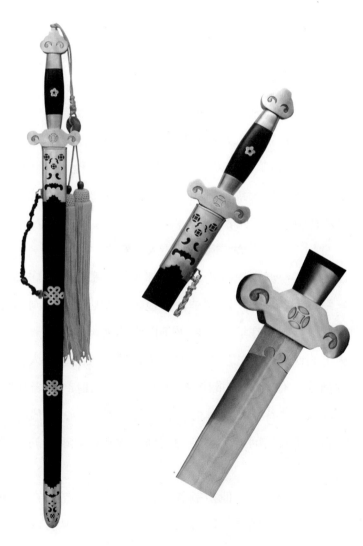

飞景剑（制作者周康永）

[贰]重要传承代表人物评述

龙泉宝剑名垂千古，百代绝技有传人，今日更是名师辈出，不仅有沈广隆、千字号、万字号等老字号的传人或弟子，也有为数众多的新生代铸剑师。至2007年底，龙泉宝剑艺人中有工艺美术师40多人，高级工艺美术师7人，获"中国工艺美术大师"称号的1人，"浙江省工艺美术大师"称号的4人。他们为弘扬龙泉宝剑文化，传承龙泉宝剑锻制技艺，作出了重要贡献。沈新培、陈阿金就是其中的杰出代表。

沈广隆剑铺传人沈新培

在龙泉这座城市里行走，满目都是宝剑和青瓷的店铺。我们信步来到百年老店沈广隆剑铺，古色古香的店铺四壁剑器林立，一把把龙泉宝剑挂在墙上，似乎正以它的无声，诉说着那些封存在历史中的铁马金戈的岁月。沈广隆剑铺今天的掌门人是第三代传人沈新培，他也是首批国家级非物质文化遗产代表作的传承人。年近六十的沈新培身体健朗，说话铿锵有力，一股豪气让人过目不忘。望着这间挂满宝剑的店铺，沈新培对祖辈的回忆娓娓道来。

早在清咸丰年间，他祖爷爷沈朝庆的沈家铁铺就在当地有了名气。虽然当时沈氏铁匠以打农具为主，但已经从打农具的经验里总结出了一套打铁的诀窍，练下了铸剑的基本功。厚积薄发，

◎玄天剑、三友剑、汉剑……它们代表着龙泉宝剑的
高超技艺，郑三古、周国华、沈廷璋、沈新培、陈
阿金……龙泉宝剑锻制技艺在他们手中薪火相传。

沈新培父子正在热锻

在积累了一代人的打铁经验之后，沈新培的爷爷沈廷璋于光绪
十八年（1892）挂牌开创沈广隆剑铺。因沈氏铸剑功底深厚，又
积极进行技术创新，将原始的土钢铸造改成纯钢铸造，所以打出
的剑在当时质量上乘，一时声名鹊起。"我爷爷打出的剑，曾创
造出洞穿三枚铜板，敲断对手宝剑的纪录。解放前后，我们沈广
隆还曾为毛主席、蒋介石等多人铸剑。在剑界一直保持着很高的
声誉。"谈起家族的辉煌历史，沈老有着掩饰不住的自豪。从小
闻着铁水味道，听着锻打之声长大的沈新培对宝剑有着发自骨子
里的感情。最初，沈家准备将沈新培培养成一名读书之人，不想
自己的孩子整天与铁打交道。而天生爱剑的沈新培对读书一点兴
趣都提不起来，小学还没毕业就跟随父亲学艺，培养了沈新培的

当代欧冶

新培先生惠存

蔡龍雲

中国武术协会副主席蔡龙云题词

铸剑功底，正如经过了千锤百炼的宝剑，日后方得以成大器。

现在想来，沈新培从未后悔走上铸剑的道路，却后悔因文化程度不高导致了对铸剑的理解程度不够。"我经常打剑打到一定程度，就觉得宝剑太单薄，就是一块千锤百炼的铁，剑身体现不出更多的东西。"沈新培认为，要成为铸剑大师，肚子里必须有货，眼界必须宽广，否则，就永远参不透剑的真谛，顶多只能算个剑匠。 离开学校很多年后，沈新培再次捧起了书本，开始加强自身的文化修养，提升对中国文化的理解，让宝剑变得更有文化内涵。于是，沈新培研究起篆体字帖，把龙飞凤舞的意蕴融入剑饰雕刻；研究起了《芥子园》等画谱，把古画的风骨结合进铸剑；还研究起《周易》及八卦图腾，以阴阳五行相生相克之道铸剑，使宝剑天生有了刚柔相济、并吞六合的气势。

沈新培的学习没有白费精力，他的剑集锻造、金加工、冷冲压、金属雕刻、特种热处理、艺术木工、书法、绘画设计于一

◎玄天剑、三友剑、汉剑……它们代表着龙泉宝剑的高超技艺，郑三古、周国华、沈廷璋、沈新培、陈阿金……龙泉宝剑锻制技艺在他们手中薪火相传。

沈新培与金庸论剑

体。他铸的宝剑，既有古剑风，又有新创意，每一把宝剑都有一个说法。买剑者感觉并不仅仅在买宝剑，更多的是在买文化。沈新培最为得意的一把剑是前段时间刚铸好的定秦剑。"这把剑，如果要卖的话，我打算卖180万元。"沈新培话音刚落，记者已经目瞪口呆。什么样的宝剑值如此天价？据沈新培介绍，这把定秦剑的剑身是用陨铁锻造而成的，陨铁本来就是一种稀缺的原材料，那是沈家珍藏了多年的传家之宝。在构思设计上，沈新培也花费了几年的时间，而且翻阅了无数资料来赋予这把宝剑文化内涵。"剑柄和剑壳用度量衡、马车等来装饰，象征着当年秦始皇一统天下的王者之气。"沈新培说。在工艺上，这把剑也是经过了好几个月才锻造而成，用千锤百炼来形容绝不为过。"铸剑要铸的是内涵，所以这把剑的价值并不在剑身上，而是对身份、功绩的一种象征。"沈新培说。

如今沈氏铸剑已是声名在外，很多人慕名前来求剑。但是沈新培却激流勇退，并没有为铸剑而铸剑，而是将更多的精力用来研究宝剑，用来传承沈广隆这个剑铺。作为首批国家非物质遗产宝剑铸造技艺的传承人，对沈新培来说，如何传承是他必须考虑的问题。但是沈新培也知道，传承并不是那么容易的事情，相反，如何传承如今反而是他的一块心病。"要传承必须要有人跟着我学，跟着我铸剑。可现在的小孩子都娇生惯养，而铸剑是又累又苦又脏的活，一般家庭谁愿意让小孩子来吃这个苦，难呀！"一聊起这个，沈新培就直摇头，"而且铸剑是一门工艺，作为工匠首先要求是心地要正直，一个心术不正的人能铸好剑吗？当然，祖辈三代的手艺传到我手上，绝不能失传。我要让儿子继承下祖宗的这个招牌，继承下祖宗留下的铸剑技艺。当然，龙泉宝剑的传承不是我沈新培沈广隆一家的事情，而是需要整个龙泉铸剑行业共同努力的，我能做的就是尽己所能！"

（本文作者为中新网记者童静宜）

"龙泉神工"陈阿金

陈阿金，1954年12月出生。他小学没读完就开始打铁，饱受

◎玄天剑、三友剑、汉剑……它们代表着龙泉宝剑的
高超技艺，郑三古、周国华、沈廷璋、沈新培、陈
阿金……龙泉宝剑锻制技艺在他们手中薪火相传。

出炉热锻

年复一年的烈火炙烤，历经日复一日的淬磨。他的技艺虽非祖
传，但四十余年的铸剑生涯，使他终于感知到剑的灵魂，把握
住剑的神韵，成为龙泉的一代剑师。一块块冰冷的铁，在他坚强
有力的双手下获得了艺术的灵气，他被张爱萍将军誉为"龙泉神
工"。他的作品为许多名人收藏，曾作为国礼赠送给多位外国政
要，还被中国国家博物馆珍藏。这一切为陈阿金增添了许多传奇
色彩。

从打铁到铸剑

陈阿金童年时家境贫困，十来岁时就去替人放牛，做了一年

陈阿金与武术名家于承惠合影

多的放牛娃。1967年他13岁时，去打铁店当学徒，希望学一点手艺，以便日后能混口饭吃。小小年纪的他，不顾身弱力薄，无论是干杂活还是做下手抡大锤，都是勤学苦练。几年下来，不但掌握了打铁的好手艺，也培养了他吃苦耐劳、一丝不苟的品质，为他日后从事铸剑打下了坚实的基础。

1975年龙泉县宝剑厂招工，已经打了八年铁的阿金，做出了他人生的一个重要选择，到宝剑厂去学铸剑。因为阿金会打铁，进厂后当了一名锻工，专门锻打剑坯。当时的龙泉县宝剑厂铸剑名师云集，对他们的精湛技艺，阿金看在眼里，喜在心里。他拜沈新培的高徒季晓宝为师，开始系统地学习锻剑技艺。由于阿金有扎实的打铁功底，加上虚心好学，吃得起苦，在师傅和厂内众多名师的指导下，很快就熟悉了制作宝剑的全过程，掌握了锻、淬、磨、刻等基本技艺。那时实行计件工资加超产奖。阿金只想多学技术，拼命干活，不但产量高，而且质量好，所以每个月的工资，在全厂都是名列前茅，成了厂里的生产技术骨干。

1983年，国防部要定制一批龙泉宝剑，作为部长张爱萍将军出访外国的礼品。厂里组织技术骨干试制样剑，阿金是其中之

◎玄天剑、三友剑、汉剑……它们代表着龙泉宝剑的高超技艺，郑三古、周国华、沈廷璋、沈新培、陈阿金……龙泉宝剑锻制技艺在他们手中薪火相传。

一。礼品剑为12寸单剑，虽然剑身不长，但作为赠送外国武官的宝剑，要求制作精良，还要有传统工艺特色。阿金总结几年来的制剑心得，在选料、工艺、装饰等方面精心设计。此剑采用全钢锻炼，精心淬磨，青光耀眼。剑身纹饰大胆创新，改变

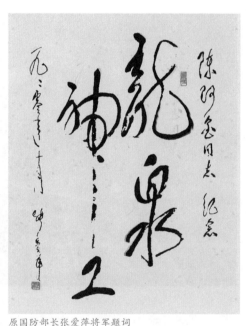

原国防部长张爱萍将军题词

了以往单一的龙凤图，设计成凤凰穿牡丹和双龙戏珠。阿金对每道工序都一丝不苟，使礼品剑成为精美的艺术品。在厂里的评审会上，大家选中阿金的样剑，决定按此样投入生产，一共制作了250把。后来，张爱萍将军看到这批礼品剑后，非常欣赏，由此也知道了龙泉有一位叫阿金的铸剑师。通过制作礼品剑这件事，大家对阿金的技艺和才能刮目相看了。

十年一剑创名气

1984年，阿金离开龙泉宝剑厂，创办了龙泉第一家个体剑

陈阿金在削剑坯

铺——陈记阿金剑铺。从此，他的铸剑生涯，开辟了广阔的天
地。在铸剑人才济济的龙泉，阿金虽非祖传，但他凭借多年对宝
剑的研究和执著，作品逐渐形成了传统与创新结合、工艺讲究、
做工精细三大特色。1993年春，武术名家于承惠慕名找到阿金，
请他特制一把剑。当时的龙泉宝剑多为28寸（刃长76厘米、宽3
厘米），纹饰图案龙凤七星一种。根据于承惠身材高大英武的
特点，阿金精心设计，大胆创新，将剑刃加长加宽（分别为92厘
米、3.5厘米），剑身纹饰采用商代饕餮纹，配上加长的剑柄。
整剑造型修长，气势凌厉；剑身寒光逼人，刚柔相济；纹饰精细古朴，孔武威严。于承惠得剑大喜，奋然起舞挥长剑，连声说：
"好剑好剑！"并要求在剑身上镌刻"陈阿金造、于承惠监制"
字样，以作永久收藏。

三角纹尚方斩马剑是阿金这段时期的又一代表作。此剑取材
于《汉书·朱云传》，朱云上书汉成帝，要求"赐尚方斩马剑，
断佞臣一人以厉其余"。后人有诗赞曰："安得尚方断马剑，斩
取朱门公子头。"所以尚方斩马剑历来为忠臣除奸的象征。为充
分表现此剑的文化内涵，造型取春秋古剑形制，全长53厘米，宽6
厘米，重2.2公斤，剑茎呈圆柱形，剑首呈圆盘形，古朴浑厚，端
庄大方，以显尚方宝剑之威严。剑身传承欧冶子湛卢剑的特色，
通体湛蓝发黑，同时两面满饰金色春秋三角纹，更显尚方宝剑之
华美。鎏铜是龙泉宝剑的传统装饰工艺，通常只是鎏龙凤图。而
此剑的三角图纹，不但精细而且布满剑身，如何鎏铜成为技术难
题。阿金经过反复试验，根据紫铜熔点高、黄铜熔点低的特性，
一面先鎏紫铜，另一面后鎏黄铜，从而确保两面鎏铜纹饰完美。
随着新工艺的出现，这一鎏铜技艺在今天已属平常，然而在十多
年前，却是阿金的创新。后来，他的三角纹尚方斩马剑荣获2001
年浙江省首届工艺美术精品奖，是唯一的龙泉宝剑获奖作品。

十年磨一剑，阿金用技术创出了自己的名气，喜欢他剑的人
越来越多。李德生、楚图南、张爱萍、刘吉、周而复、溥杰等领

导和社会名人，都收藏有陈阿金的剑，并为他题词。由阿金首创
制作的百寿百福剑，剑身两边分别刻上了一百个字形、字体各不
相同的"福"、"寿"，配上全银装具，褐色鸡翅木剑鞘，将中
国传统的福寿文化与剑文化结合，象征着吉祥如意、幸福安康，
成为具有丰富文化内涵的艺术珍品。国学大师南怀瑾，体育界著
名人物何振梁、袁伟民，甚至国际奥委会主席罗格都有他的百寿
百福剑。2002年9月中乌建交10周年时，乌克兰大使馆曾来函指定
阿金铸两把百寿百福剑，分别献给总统库奇马和前任总统克拉夫
丘克。2003年5月，胡锦涛主席出访俄罗斯，将阿金特制的百寿百
福剑作为国礼赠送给普京。

千锤百炼铸"玄天"

传统制剑俗称有28道工序，其中锻、淬、磨等工序最为重
要，而锻又是制一把好剑的关键。阿金说自已的铸剑水平得益于
入行早，很早就学会了打铁，又有八年的打铁经历。虽然打铁匠
不一定会制剑，但要制好剑，就一定要懂得打铁。阿金的话一点
不假，他的花纹宝剑玄天剑，就是在打铁炉里千锤百炼锻造而成
的。花纹剑采用含碳量不同的钢铁材料，在熔铁炉中反复加热折
叠锻打，在剑身上自然形成各种花纹。阿金潜心研究欧冶子传统
技艺，结合自己丰富的打铁经验，精心选料，合理配比，每一次
的锻打，都注意火候，太"嫩"合不拢，"过火"又容易散。经

过无数次试验，阿金找到了最佳的锻造工艺，终于打造成功花纹剑。2003年2月10日，全国人大常委会副委员长李铁映来到陈阿金剑铺参观考察。李铁映仔细观赏阿金的新作花纹剑，只见剑身上的花纹如高山，似水波，表面光亮似镜，湛如秋水。剑鞘为紫檀木，油黑乌亮，高雅华贵。金黄色的铜外装，全手工精心制成，华美精致，不愧为龙泉宝剑中的珍品。李铁映赞赏之余，在剑铺后院挥剑而舞，剑光闪烁，宛如长空闪电。他欣然命名此剑为"玄天"，并挥毫题词"玄天闪电"。

四十多年来，阿金从昔日一个打铁店小学徒到今天的中国工艺美术大师。早期的理想得以实现，阿金又有了新的想法，要将一身技艺传于后人，让龙泉宝剑发扬光大。今年已经五十多岁的他最想有一名高徒。虽然阿金有许多徒弟，但他认为至今还没有一位能真正将自己的衣钵传承下去，即使是他的儿子，也没有得到真传。阿金说，师徒是要讲缘分的。阿金在继续寻找着那缘分。

认识和评价

龙泉宝剑美名远扬，不仅有众多的宝剑收藏爱好者，也吸引了很多人去研究它，从而积累了龙泉宝剑研究的珍贵文献。

认识和评价

[壹]龙泉宝剑锻制工艺评析

中国的刀剑艺术源远流长，早在春秋战国时期，中国的青铜剑就已经发展到近乎完美的程度。同时，铁剑、钢剑也达到了极高的水平。在以后的两千多年里，一方面由于中国人民聪明智慧的日益积累，制剑的工艺水平不断地发展和提高；另一方面，由于许许多多的天灾人祸，也有不少绝技不幸失传。改革开放赋予了刀剑这门古老的技艺新的发展机会，浙江省龙泉市龙泉宝剑产业的蓬勃发展就是一个突出的例证。

龙泉宝剑始于春秋战国时代，距今已有2500余年的历史。相传当时的铸剑大师欧冶子见龙泉秦溪山下湖水清冽，没有鸡鸣犬吠，环境清幽，于是取山中铁矿在这里铸剑。后人为了纪念欧冶子，将秦溪山湖改名为剑池湖，并在此山上修建了欧冶子将军庙。

传说欧冶子曾经铸有三口名剑：龙渊、泰阿和工布。后人对这三口剑的描述可谓精彩之至："欲知龙渊，观其状如登高山、临深渊；欲知泰阿，观其派巍巍翼翼，如流水之波；欲知工布，派从文起，至脊而止，如珠不可衽，文若流水不绝。"这里说的高山、流水等，其实指的是剑身上形成的一种花纹图案。这种花纹与雕刻出的花纹完全不同，是经过极其复杂的锻炼、淬火自然形成的，磨之不去。带有这种花纹的剑现在俗称为花纹剑。世界上其他一些著名刀剑，如大马士革刀、马来刀剑刀身上也带有花纹。花纹的质量成为衡量刀剑总体工艺水平的一项重要指标。可惜，中国古代花纹刀剑除了见于史料记载之外，不但其工艺早已失传，甚至至今没有一件实物证据公之于世，使本来应当在世界冷兵器工艺发展当中占据极其重要地位的中国刀剑，不能完全得到世界的认可。每念及此，刀剑行业内的人士无不深以为憾。

龙泉宝剑的产地浙江省龙泉市，可谓占据了得天独厚的地理条件。近年来，注重于继承和发展龙泉宝剑这笔宝贵的文化财富，先后开发了许多技艺精良的刀剑产品。尤其可贵的是，在复制中国花纹剑方面取得了非常可喜的突破，使古老的龙泉宝剑获得了新的生命。

龙泉宝剑的冶炼，从初期的铁剑，演变为钢剑，折叠花纹夹钢剑，形成了独特的锻制技艺。光是剑体，就需要经过打坯、热锻、冷锻、铲、锉、镂花、嵌铜、磨光、装潢等28道工序，其中锻炼是最关键的步骤。现以夹钢剑为例简要介绍一下其锻造过程。

(1) 锤打：将铁块放在炉中烧至高温，辅以反复多次的渗碳工艺打成剑坯。渗碳的程度视所制剑质（如硬剑、软剑、武术剑）而定。

(2) 刨锉：用钢刀削锉，使剑身厚度适中，剑脊与剑刃之间呈一定坡度，剑脊须居剑身正中，成一条直线。

(3) 磨光：将已锉好的剑置于错石上磨光。用金刚砂皮裹铁尺均匀打磨。先用粗砂布粗磨，后用细砂布细磨。磨光之工倍于锤打和刨锉。

(4) 镶嵌：磨光后，在剑身上用钢针镂刻图案、剑名、店号及定制者嘱题之字，并嵌上赤铜，磨光后呈金色，产生色彩对比，具灵光宝气之感。

(5) 淬火：运用传统淬火方法，使剑身刚柔相济，属高精工艺，非一般工匠所能得心应手。

(6) 钢磨：将已具弹性的剑，再用钢块磨砺，或用钢尺紧扎剑身，置于错石上磨。

剑质的优劣，除锻炼技术外，还与淬砺的水质、淬火剂、气候等有很大的关系，春秋战国时期的名剑一般都出自吴国、越国、楚国等江南地区。

铸剑已不是普通的技术，而是一门高超的艺术，优秀的铸剑师也决不仅仅是工匠，而是具有极高修养的艺术家。

复 燃

（原载《轻兵器》2000年第8期，略有删节）

◎龙泉宝剑美名远扬，不仅有众多的宝剑收藏爱好者，也吸引了很多人去研究它，从而积累了龙泉宝剑研究的珍贵文献。

[贰]喜见龙泉造剑艺术之锐变与成就

用"惊讶"两字来形容我第一次造访龙泉的感觉，应该是十分贴切的。

这神奇的城市，有着两千年的铸剑文化，有着传说中的铁英与剑池，有全国甚至全世界唯一的宝剑园区，更有近百家的艺术刀剑专门店。以现代产业营销的观点来看，她正拥有强烈的地方特色、绝对的专业能力、超集中的相关产业等优质特点，若加上完备的管理服务系统，那成为独步全球的"中式剑艺展拓中心"，应是指日可待！

兵器制作技术向来都是当代科技水平的橱窗，刀剑又为古代兵器的主流，其高超的制造技艺是历代匠师们智慧的结晶，其重要性当然是不言而喻的。因此，虽然从历史演进或时代需求方面来看，刀剑作品确实早已远离战争用途，但她悠久且精湛的工艺，绝不可能就此销声匿迹，反而会在一个全新的空间中得到发展。

初期呈现在世人面前的龙泉刀剑作品，几乎都是为迎合一般武术市场需求的运动器械，给人的印象是简约、粗糙的，充其量只能视她为具有刀剑外形的玩具而已。但这几年来，龙泉刀剑精品却以全新的相貌，横扫国内外中高级艺术刀剑市场，其进步速度之快，令人瞠目结舌。作品内容五花八门，传统与创新自然交融，尤其是积层花纹钢制作技术被重新唤醒，更添加了钢刃的绚烂与品位。以往刀剑制作重视的是师徒相承，从形制设计、剑刃打造到零配件制作组装，几乎都是匠师独自一人，以一锤一凿慢慢完成，质量无法掌握，产量又太少；今日龙泉街头则到处可见小型刀剑专业工作坊，甚至大型刀剑制作工厂，数量之多，分工之细让人不禁钦佩，产能之高更是令人无法想象。

艺术刀剑是否具市场竞争力，是否能为一般刀剑爱好者所接受，就看其整体造型、工艺与刃部的制作功力了。整体造型是否优美，需观察整件作品的外观结构，如刀剑具上所有的套件（首、格、鞘口、护环、镖等）是否牢固、完整，中轴线是否掌握，握感是否合乎力学，装置区位是否正确等。

细致的工艺，指的是图案处理用心，深具工艺美感，如手工雕刻、精密脱蜡再手工处理、鎏金错银、贴金镶贝等传统手艺的使用得当，佩（系）带、带钩精致，配件与鞘、柄结合处绝对密合，流畅圆润等。龙泉宝剑目前的制作水平，虽然仍有进步的空间与突破的可能，但大部分作品都已经达到中级以上的水平，短短十年间就有如此成就，前景乐观。

刃部的制作功力是比较复杂的观察点，大体上，钢料制作的困难程度与工序繁复程度，是评断的初步指标。除此以外，整件刃材必须完整无缺，无论使用何种钢料，其硬度与柔韧度是否适当，也就是热处理技术是否成熟，才是刀剑作品应该切实掌握的重点。其次，研磨水平也是非常重要的因素。剑脊是否平直，两坡是否对称、等距，若有血槽，是否平直、均匀，收头部分是否流畅，锋与尖是否有崩口，是否磨出该件钢料的特色，如花纹钢就应清晰显现其绚烂花纹，敷土烧刃就应磨出迷人刃纹等，这些都是判断刃部制作功力是否高超的重要指标。现今龙泉制刃技术，无论包钢、夹钢甚或中碳积层钢技术都已成熟。虽然敷土烧刃技术与一流水准仍有些许差距，但拥有扎实基础锻打能力的年轻刀工，与能将刀剑磨出整齐的脊、背与流线刀姿的研磨高手，在龙泉，比比皆是，这是今后迎头赶上，甚或凌驾其上的绝对保证。

我们惊见龙泉造剑技术的快速成长，更察觉龙泉那股强烈求新求变的无穷动能，若能再有政府政策鼓励与统合管理的临门一脚，龙泉传统刀剑技艺将不只是颇有特色的地方文化遗产，极可能成为国际级人类无形文化的瑰宝，爱剑者如我，引颈期盼着……

林智隆

（本文作者系台湾美和技术学院副教授、著名刀剑研究专家，有专著《中国刀剑艺术研究初稿》、《汉代兵器研究初稿》、《魏晋南北朝兵器研究》等。）

[叁]龙泉剑：铁英淬铸的冷兵器君子

我最早读到的关于利剑的小说，是鲁迅先生的《铸剑》，那眉间尺的复仇形象，以及后来三颗人头在锅中咬成一团的场景，至今回思，依然惊心动魄。而我想象中的眉间尺的少年形象，是手持一把利剑的，那利剑，非龙泉莫属。

剑被称为冷冰器时期的"百兵之君"，史传剑由黄帝和蚩尤制造，所以他们亦被并称为中国古代的兵主和战神。吴王金钩越王剑，江南吴越在春秋时期，已经是剑道独步天下之处。其中的欧冶子，被奉为中国古代铸剑的鼻祖。

欧冶子，春秋末期到战国初期越国人，相传其铸剑名声传到楚国，楚王羡慕不已。楚越关系一向不错，越国就让欧冶子为楚王铸剑。剑相高贵，铸剑是一件神圣的事情，是日月山川精华蕴育的结果，所以先得找个圣地。欧冶子遍访大江南北，终于来到了浙江西南方崇山峻岭中的龙泉，一见这个地方，秦溪山阴郁郁葱葱，有井七口，排列如北斗七星，泉水甘寒，有湖十数亩，又无鸡犬之声，环境幽静，适合铸剑。于是，欧冶子在此搭寮筑炉，铸成了龙渊、泰阿与工布这三把名剑。

传说是有根据的，因为龙泉确实具备了铸剑的最佳条件。此地春秋时期为越国古瓯地，在瓯江上游。境内群山叠翠，溪流纵横。山有江浙第一高峰凤阳山黄茅尖，水有八百里瓯江之源。山溪中蕴藏着含铁量极高的铁砂，是铸剑的上好材料，被称为"铁英"。而茂盛的原始森林，是铸剑所需的取之不尽用之不竭的优质燃料。

那秦溪山下的北斗七井，水质特异，用来淬剑，非常坚利。

◎龙泉宝剑美名远扬，不仅有众多的宝剑收藏爱好者，也吸引了很多人去研究它，从而积累了龙泉宝剑研究的珍贵文献。

都说宝剑锋从磨砺出，那龙泉山石坑特产一种名为"亮石"的上好磨石，用来砥砺刀剑，可谓相得益彰。

龙泉是峰高入云的，是山兽出没的，是侠客云游的，是樵子放歌的，江南的龙泉，绝无小桥流水人家的温婉，而是雄浑深厚的所在，龙泉剑产自此地，实乃天经地义。

唐代诗人郭震的《古剑篇》，对龙泉剑有着这样的歌唱：君不见昆吾铁冶飞焰烟，红光紫气俱赫然。良工锻炼凡几年，铸得宝剑名龙泉。龙泉颜色如霜雪，良工咨嗟叹奇绝。琉璃玉匣吐莲花，错镂金环映明月。

一个名叫风胡子的人把欧冶子铸好的这三把名剑送去给了楚王，楚王问这三把剑名称的来历。风胡子回答说，龙渊观其状，如登高山，临深渊；泰阿观其形，如流水之波；工布晓其神如珠不可衽。风胡子在这里说的，其实都是剑的自然花纹形态。古人为剑取名，往往是根据其剑身上的不同花纹形态和光华，并把剑名铭刻在剑身或剑柄上。

因剑得名，欧冶子在龙泉的铸剑处，今天也就被称为剑池湖和龙渊乡。直到唐代，为了避高祖李渊之讳，龙渊这才被改称为龙泉，从此，龙泉宝剑名扬天下。

欧冶子成了铸剑业的行业神，人们为了纪念欧冶子，就在今天龙泉的剑池湖北，建了一座欧冶子将军庙。庙门首上方的石匾书有"剑池古迹"，两旁石门柱上刻有楹联"剑池旧有七星井，古庙尚遗欧冶风"。

因有欧冶子这个祖师爷在此，龙泉就有了一门今天别处几乎没有的职业——铸剑师，而今天的龙泉老字号剑铺，也比比皆是，数千年铸剑不断，名扬海内外。龙泉因此而剑气冲天，窑火烈炽，龙泉，就渐渐成了宝剑的代名词。

旧时龙泉剑铺都有欧冶子像，每月初一、十五上香祭拜，每日早晚也要膜拜两次。据传，农历五月初五端午节也是欧冶子铸出第一把宝剑的日子，所以这天铸剑师们都要去庙里祭奠。

龙泉剑的制作可谓绝技，一把剑的完成，需要几十道工序。上乘之剑必须具备以下四个特点：坚韧锋利，刚柔并寓，寒光逼人，纹饰巧致。古剑分巨剑、长剑、短剑和小剑，佩长剑是一种身份和地位的象征。古剑又有文、武之分，一为装饰，一为实战。剑在民间又被演变为斗剑和舞剑两种，斗剑发展成今天的击剑比赛，舞剑发展为今天的剑舞表演。根据这样的性能，龙泉剑分为三种基本类型：一是硬剑，以刚利著称，古代用以实战，今天则作上等装饰之品。二是软剑，弹性特佳，可作360度弯曲，松手后复原如故。三是传统武术套路用剑，刚柔并寓，可舞可刺，为表演用剑。

龙泉剑虽然有种种实用，但其精神却远远超于实用，剑因此而形成了剑道。李白有诗云：宁知草间人，腰下有龙泉，浮云在一决，誓欲清幽燕。这里的"腰下龙泉"，是要以剑的精神，去激扬大丈夫治国平天下的宏伟志向。可见，在中国古代，剑的意义不但充满力量和承当，而且被知识分子普遍认为具有高度审美意义的境界。

良工锻炼凡几年，铸得宝剑名龙泉……虽复沉埋无所用，犹能夜夜气冲天。书剑一直就是中华文化中颇具意象的两样东西，无论是怀才不遇，还是意气风发，古代文人都喜欢在诗文中借歌咏宝剑来寄托自己的理想和抱负。故而方有"十年磨一剑，霜刃未曾试，今日把示君，谁有不平事"这样拔剑四顾的英雄气概。

因剑而剑道，龙泉宝剑早就超越了冷兵器时代的实际功能，成为中国文化中重要的精神符号。而江南深山中的龙泉之地，也因为这美的两端——锋利的龙泉剑与温润的龙泉窑，绝配成一曲关于美的极致的古老歌谣。

王旭烽

（本文作者为浙江省作家协会专职副主席，茅盾文学奖得主，首届全国作家"龙泉论剑"大型文学采访团执行团长。）

保护与发展

与很多其他非物质文化遗产项目一样，龙泉宝剑锻制技艺也面临着后继乏人的状况，保护工作刻不容缓，相关部门已充分认识到这一点，采取措施并取得了一定成就。

保护与发展

新中国成立以后，特别是改革开放30年来，在党和政府对传统工艺美术"保护、发展、提高"的方针指引下，龙泉宝剑传统产业得到了很大发展，现已成为龙泉市的主导产业之一。对于龙泉宝剑锻制技艺的保护和传承，虽然也有一定的成效，但由于社会变革，加上缺乏必要的保护措施，无论在继承传统，弘扬创新，还是人才培养等方面，都面临着严峻的问题。今天，随着龙泉宝剑锻制技艺列入国家级非物质文化遗产代表作名录，该项非物质文化遗产的保存、传承和发展，必将日益为人们所重视，从而走上更加繁荣和健康的发展道路。

[壹]保护现状

为弘扬龙泉宝剑文化，龙泉市政府于1984年将剑池湖遗址列为龙泉市级文物保护单位，并于1993年重建先前被毁的剑池亭。最近又对剑池湖遗址周围的环境进行了整治，这里正成为龙泉的历史文化旅游胜地。在新建的龙泉博物馆内专设龙泉宝剑陈列厅，向市内外观众宣传龙泉宝剑悠久的历史文化，展示精湛的锻制技艺和产品。在龙泉市政府的鼓励和支持下，沈广隆剑铺、万字号剑铺、千字号剑铺、金字号剑铺等老字号相继恢复。这些百年老店新开，重

◎与很多其他非物质文化遗产项目一样，龙泉宝剑锻制技艺也面临着后继乏人的状况，保护工作刻不容缓，相关部门已充分认识到这一点，采取措施并取得了一定成就。

振老字号雄风，在国内外市场上产生了较大影响。

1990年由当时的龙泉县宝剑厂负责起草，龙泉市标准局发布的《浙Q/SG45-90龙泉县宝剑产品标准》是龙泉宝剑有史以来的第一个产品标准。为适应新工艺、新技术和新产品不断发展的需要，由龙泉市宝剑行业协会主持，又作进一步的修改和完善。这标志着作为具有千年历史的龙泉宝剑锻制技艺，开始走上规范化、标准化之路。自2000年开始，龙泉宝剑从业人员纳入工艺美术专业职称体系，开展专业技术职称的评定，鼓励了宝剑艺人学习技术的积极性。

为了保护传统工艺美术，促进传统工艺美术事业的繁荣与发展，浙江省政府于2000年7月施行《浙江省传统工艺美术保护办法》，对受保护的传统工艺美术的品种和技艺，开展了认定、保护和管理工作。2001年10月，龙泉宝剑被列为浙江省首批传统工艺美术品种之一；2004年12月列入首批浙江省民族民间艺术保护名录；2005年5月列入第一批浙江省非物质文化遗产代表作名录；2006年5月列入首批国家级非物质文化遗产代表作名录。同时，龙泉宝剑艺人有一人被列为首批国家级非物质文化遗产代表性传承人，有两人被列为第一批浙江省非物质文化遗产代表性传承人。

[贰]濒危状况及其原因

受到现代科技冲击，传统技艺日益衰退。一些剑厂的生产日益现代化，机械锤、砂轮机、磨光机等多种机械设备，正在不断取代传统的生产工艺和技术。有的剑厂为追求利润，产品粗制滥造的情况也时有发生。外地的一些不良企业盗用龙泉宝剑的名义，生产假冒伪劣产品，损害龙泉宝剑锻制技艺的声誉。

传统技艺后继乏人，人才培养出现断层。由于传统手工制剑又苦又累，现在年轻人多不愿学。有的宝剑世家出现人亡艺绝、后继无人的状况。龙泉原有的十多家老字号剑铺，现仅存4家。行业内年龄在60岁左右的老铸剑师已屈指可数，中、青年铸剑师中真正懂得传统技艺的也不多，拜师学艺的年轻人更少。专业技术人才后备力量严重不足。

遗留资料实物稀缺，传统技艺研究滞后。一直以来，龙泉宝剑锻制技艺的传承，主要通过父子或师徒的口传身教，鲜有文字记载，留传的资料很少。又因钢铁刀剑易腐蚀不易保存，传世的龙泉宝剑实物不多。特别是本地许多龙泉古剑，在上世纪五六十年代的大炼钢铁和"文化大革命"中破"四旧"时被毁。由于资料和实物的不足，对今天的研究和传承工作带来困难，至今尚没有一部系统的整理和研究龙泉宝剑锻制技艺的专著。

[叁]保护和传承计划

加强领导，落实措施。建立由相关责任部门领导、宝剑行业协会（老艺人）、专家三结合的保护机制，制定保护计划，落实实施

◎与很多其他非物质文化遗产项目一样，龙泉宝剑锻制技艺也面临着后继乏人的状况，保护工作刻不容缓，相关部门已充分认识到这一点，采取措施并取得了一定成就。

措施。要通过多种渠道，落实和保障保护和传承工作的专项经费。

做好普查，摸清情况。按照非物质文化遗产普查的要求，组织专业人员扎实做好本项目的普查和重点调查工作。向社会征集历代龙泉宝剑的资料、存世实物作品、传统锻制技艺的工器具等。通过实地调查，摸清龙泉宝剑锻制技艺及其传承人的情况，建立文字和影像资料库。挖掘、整理老艺人的绝技、绝活和经验，建立铸剑艺人档案。

鼓励传承，培养人才。充分发挥老艺人的"传、帮、带"作用，鼓励他们招徒授艺。将培养龙泉宝剑锻制技艺传承人纳入龙泉市的人才培养教育计划，在中等职业技术学校设置相关科目或宝剑专业班。

建立机构，开展研究。组建相关的科研机构，组织专业人员对龙泉宝剑锻制技艺进行系统、深入和全面的研究，编著出版系列研究丛书，改变龙泉"有剑无书"的状况。

加强宣传，促进保护。通过广泛宣传使大家都来关心、支持非物质文化遗产的保护工作，为保护、传承龙泉宝剑锻制技艺创造良好的环境。抓紧规划建设欧冶子公园（中国龙泉宝剑城），使之成为一个充分展示龙泉宝剑历史文化和传统技艺的平台，从而促进龙泉宝剑锻制技艺的保护和传承工作。

附录：
龙泉宝剑大事记（1956—2007）

1956年 ◎沈焕文、沈焕武、沈焕周、季火荣、季阳春、姜华、孔庆标、张宝华、张仙露等9位铸剑艺人，组织成立了龙泉县城镇宝剑生产合作小组。◎8月，沈焕武、沈焕周、季火荣、张先露等人，为毛主席制作一把长锋剑。毛主席收到剑后即寄人民币200元给龙泉县人民政府转交宝剑生产合作小组。

1957年 ◎8月10日，龙泉县人民委员会拨款重修剑池湖古迹剑池亭，立《重修剑池亭碑志》。

1958年 ◎在龙泉县城东莲山脚下水利工地，挖掘出战国时期青铜剑一柄（现存龙泉博物馆）。

1962年 ◎2月19日，铸剑艺人沈焕周出席浙江省手工业合作联社第一次代表大会。◎4月13日，《浙江日报》刊登记者刘新采写的通讯《龙泉铸剑者》。

1963年 ◎4月，龙泉中学教师、地方志史研究者曾若虚，撰写成《龙泉的宝剑》（县志材料之一），第一次比较系统地考证和记叙了龙泉宝剑的历史和文化。◎9月1日，经龙泉县手工业合作联社批准，成立龙泉县宝剑生产合作社，地址新华街21号。

1965年 ◎12月，浙江省手工业合作联社拨款1.5万元，用于专供发展宝剑生产使用。

1966年 ◎6月，"文化大革命"开始，龙泉宝剑被当做"四旧"，宝剑生产合作社停止生产，铸剑艺人改生产农具。古迹剑池亭被"红卫兵"拆除。

1971年 ◎12月，成立龙泉县宝剑生产合作社革命委员会，原铸剑工人归队，恢复生产龙泉宝剑。

1972年 ◎2月，龙泉宝剑生产合作社受上级委托，特制四把（一说两把）高级宝剑，送到北京。由周总理作为国礼赠送给来华访问的美国总统尼克松。

1974年 ◎11月4日，国际友人、新西兰诗人路易·艾黎来龙泉县宝剑生产合作社参观考察。

1975年 ◎9月，龙泉县宝剑社周茂昌、季樟树、胡子平、何世林应国家体委武术司邀请，去北京观摩第三次全国体育运动会。

1976年 ◎中央新闻纪录电影制片厂到龙泉县宝剑生产合作社拍摄纪录片《龙泉宝剑》。

1978年 ◎1月5日，经批准，龙泉县宝剑生产合作社转为集体所有制企业，更名为龙泉县宝剑厂（通称"龙泉宝剑厂"）。

1979年 ◎8月，龙泉宝剑厂沈新培赴北京参加全国工艺美术设计人员代表大会。◎10月30日，龙泉宝剑厂的"龙泉"牌宝剑商标，经中华人民共和国商标局核准为注册商标，注册证号为130250。

1981年 ◎1月，龙泉宝剑厂扩大生产规模，厂址迁至环城东路6号。

1983年 ◎3月，龙泉宝剑厂生产的龙泉古剑和云花剑在北京中国国际旅游纪念品评比会上获国际旅游商品优秀奖。◎5月，国防部外事局派王学作到龙泉宝剑厂定制张爱萍部长出访美国的礼品剑。省委书记王芳到龙泉宝剑厂视察。◎9月，第五届全国体育运动会期间，龙泉宝剑厂生产的各类刀剑产品，在全国体育用品成果展览会上展出。

1984年 ◎4月，龙渊镇万字号宝剑厂成立，打破了龙泉宝剑独家生产经营的局面。◎5月，浙江电视台到龙泉宝剑厂拍摄国庆35周年献礼专题片《龙泉宝剑》。◎7月1日，兵工专家吴运铎为龙泉宝剑厂题词："贵厂艺人，无愧铸剑之名师良工，匠心独具，堪称百代绝技。龙泉宝剑艺振古今，誉满中外，此乃我民族之骄傲。"◎12月30日，龙泉宝剑厂的"龙凤七星"商标，经国家工商局商标局批准为注册商标，注册证号为218133。◎龙泉宝剑厂工人陈阿金辞职自办个体作坊陈记阿金剑铺。

1985年 ◎国防部长张爱萍将军题写片名，胡关中、陈岩来编剧，胡关中导演，中央电视台和浙江电影制片厂合拍的三集电视连续剧《龙泉剑》于1986年春节在中央电视台播放。◎5月，经浙江省计经委审批，龙泉宝剑厂宝剑生产流水线破土动工，总投资130万元。后因此项目缺乏科学论证而失败。◎老字号沈广隆剑铺恢复生产。◎12月，龙泉宝剑厂为国防部外事局制作礼品剑250把，张爱萍部长亲笔题写"龙泉宝剑"。

1986年 ◎国家文化部顾问、中国美术家协会副主席、中国艺术研究院副院长王朝闻来龙泉宝剑厂参观并题词。◎万字号宝剑获浙江省乡镇企业产品"金鹰奖"。

1987年 ◎龙泉宝剑厂龙凤七星牌宝剑获"浙江省优质产品"称号。

8月，龙泉武术器械厂为乌兰夫等领导人制作宝剑5把。乌兰夫为该厂题书"龙泉宝剑"。◎10月，龙泉宝剑厂为全国人大代表团出国访问制作礼品剑。◎11月，万字号宝剑厂为香港武术专家赵从武仿制成功宋太祖的龙骧剑。

1988年 ◎3月，龙泉宝剑厂生产的花榈木软剑在二十二届旅游工艺品评比会获优秀奖。◎4月，龙泉宝剑集团成立。后因体制等方面的问题，集团未能发挥作用。◎沈广隆剑铺被列入《中华百年老字号》史册。◎龙泉宝剑28寸单剑、双剑获全国"武龙杯"金奖。龙渊剑厂生产的单刀、双刀同时荣获金奖。◎8月，龙泉宝剑厂为国家主席杨尚昆铸造龙泉宝剑一把，杨主席收到剑后为龙泉宝剑厂题书"龙泉宝剑"，并回赠纪念品（存龙泉档案馆）。◎9月6日，龙泉宝剑厂生产的牛角佩剑、鱼肠剑获轻工业部"百花奖"。◎9月，龙泉宝剑厂生产的宝剑获浙江省武术器械"金狮杯"奖。

1989年 ◎10月,龙泉宝剑厂、万字号宝剑厂生产的宝剑为第十一届亚运会指定产品。

1990年 ◎3月,铸剑老艺人何连武荣获国家轻工业部荣誉证书。◎10月,龙泉宝剑厂生产的宝剑在广州获轻工业部、商业部、国家旅游总局联合评比的"天马"金奖。◎11月30日,浙江省标准局批准龙泉宝剑厂起草的浙Q/SG45-90《龙泉宝剑产品标准》,从1991年1月1日开始实施。◎中央电视台"神州风采"摄制组到龙泉宝剑厂拍摄专题片《中国一绝》。

1991年 ◎10月8日,沈新培、季樟树被浙江省人民政府授予"浙江省工艺美术大师"称号。◎11月26日,温州市中级人民法院依法判处文成县宝剑厂、文成县武术器械厂、文成县供销武术器械厂侵犯龙泉宝剑厂注册商标,判令被告侵权期间所获利润全部赔偿给龙泉宝剑厂。同年,温州市工商局在文成、平阳、永嘉等地查处假冒龙泉宝剑的企业18家,查封假冒宝剑6万余把。

1992年 ◎龙泉市政府拨专款,重修(建)龙泉古迹剑池亭。次年5月,龙泉市文物管理委员会立《重建剑池亭碑记》。◎12月,龙泉宝剑厂为邓小平等中央领导制作宝剑。

1993年 ◎4月,中共中央原副主席、中顾委常委李德生为陈阿金题词"国粹龙泉,千古神剑"。◎龙泉市宝剑行业协会成立,市计经委主任楼枫兼任会长。◎6月,龙泉武术器械厂获首届中国金榜技术与产品博览会金奖。◎沈广隆剑铺的日月乾坤剑、刀和民间习武用剑,在全国武器械评比会上获三个一等奖。◎9月,陈阿金获联合国教科文组织颁发的"民间工艺美术家"称号。

1994年 ◎龙泉市雌雄宝剑厂赖松长制作了一把龙泉神剑,此剑长1.68米,重12.3公斤。◎6月,新编《龙泉县志》出版,龙泉宝剑列入专编记载。◎1月22日《人民日报》、1月24日《文汇报》、12月20日《人民政协报》分别载文介绍"浙江省工艺美术大师"季樟树事迹。

1995年 ◎沈广隆剑铺、万字号宝剑厂被贸易部授牌为"中华老字号"。

1997年 ◎龙渊剑厂宝剑在香港首届国际爱因斯坦新发明、新技术(产品)博览会上荣获国际金奖。◎12月18日，国家邮电部发行以龙泉宝剑为主题的第七套IC卡，全套四枚，分别为《铸剑》、《舞剑》、《品剑》、《颂剑》。

1998年 ◎8月，陈阿金获"浙江省工艺美术优秀创作人员"称号。

1999年 ◎2月14日，龙泉市人民政府向'98抗洪英雄部队驻浙某部红军二团赠送万字号宝剑厂的龙骠剑。◎9月18日，龙泉市宝剑行业协会召开第二次代表大会，陈阿金当选会长。企业会员86家，个人会员86人。大会通过《龙泉市宝剑行业协会章程》。◎10月，龙泉青瓷宝剑工业园区动工兴建。规划一期工程用地3.7公顷，二期工程用地4.9公顷，2003年底基本建成，其中入园宝剑企业40多家。

2000年 ◎3月，政协龙泉市文史委员会编《龙泉文史资料》第十七辑《龙泉宝剑》专辑出版。◎6月9日至14日，龙泉市人民政府组织在杭州浙江展览馆举办中国龙泉青瓷宝剑精品展示会，有18家宝剑企业参展。

2001年 ◎4月，剑王宝剑厂制成世纪金龙剑，此剑全长280厘米，剑刃长208厘米，重32公斤，剑身两面镂刻56条不同时期的造型各异的龙纹图。◎4月29日至5月6日，龙泉市人民政府组织在上海图书馆举办中国龙泉青瓷宝剑精品展，有21家宝剑企业参展。◎龙泉宝剑被浙江省经贸委批准认定为浙江省第一批重点传统工艺美术品种。

11月，朱建林的作品水纹钢剑入藏中国人民革命军事博物馆。

2002年 ◎2月，陈阿金的作品三角纹尚方斩马剑获浙江省首届工艺美术精品奖。◎4月23日至28日，龙泉市人民政府组织在北京民族文化宫举办中国龙泉青瓷宝剑精品展，有25家宝剑企业参展。◎8月21日至25日，应沈阳市人民政府的邀请，龙泉市人民政府组织参加第四届中国沈阳商品交易会，有33家宝剑企业参展。◎9月，中国和乌克兰建交10周年，陈阿金作品百寿百福剑作为国礼赠乌克兰总统库奇马。◎12月，龙泉市宝剑行业协会召开第三次代表大会，季长强当选会长。

2003年　◎2月9日，全国人大常委会副委员长李铁映到龙泉视察，为陈阿金题词"玄天闪电"。◎5月，胡锦涛主席访问俄罗斯，陈阿金的作品百寿百福剑作为国礼赠送普京总统。◎中央电视台科技教育频道"家园"栏目邀请龙泉宝剑艺人、研究者赴北京中央电视台拍摄《龙泉宝剑》专题片。◎6月，浙江电视台"风雅钱塘"栏目来龙泉拍摄专题文化片《龙泉宝剑》。◎9月，中国工艺美术协会公布首批命名的14个"中国工艺美术行业特色区域"，龙泉市被授予"中国龙泉宝剑之乡"荣誉称号。◎10月，在2003中国杭州西湖博览会第四届中国工艺美术大师作品暨工艺美术精品博览会上，周正武的百炼花纹龙泉剑获银奖。◎11月25日，龙泉宝剑厂以拍卖形式改制，起拍价为150万元，后以226万元成交。资产重组后成立龙泉宝剑厂有限责任公司。

2004年　◎2月，陈阿金的百寿百福剑和秦王剑、周正武的百炼花纹龙泉剑、陈少卫的清刀等4件作品，获第二届浙江省工艺美术精品奖。另有汤汝平、朱建林、潘景光、季长强等人的12件作品获优秀奖。◎3月，郑国荣应北京天文台工程师张宝林之约，以陨铁为原料，打造成功陨铁剑——追风剑。◎7月，中央电视台国际频道"走遍中国"栏目到龙泉拍摄专题片《龙泉剑魂》。◎8月，龙泉市龙泉宝剑文化研究学者吴锦荣的专著《霜雪龙泉剑》由浙江摄影出版社出版。◎9月，中央电视台科技教育频道"走近科学"栏目来龙泉拍摄专题文化片《安得倚天剑》。◎10月17日，首届全国作家"龙泉论剑"在凤阳山绿野山庄举行。作为嘉宾上台论剑的有作家王旭烽、杨东明、牛玉秋、戈悟觉，还有龙泉市委副书记徐光文、龙泉铸剑大师沈新培和龙泉宝剑文化研究学者吴锦荣等7人。◎10月25日，著名武侠小说大家金庸先生到龙泉问剑。龙泉铸剑大师精心打造出了根据金庸15部武侠小说里描写的24把名剑和7把宝刀，作为礼物赠送给金庸先生。◎12月，龙泉宝剑列入首批浙江省民族民间艺术保护名录。

2005年 ◎1月9日，金庸笔下的龙泉宝剑展在杭州浙江大学紫金港校区举行。金庸先生宣布将31件龙泉宝剑珍品转赠给浙江大学新筹办的博物馆。◎4月20日起，香港《文汇报》连续刊登吴锦荣撰写的《龙渊剑的渊源》、《铸剑之神欧冶子》等8篇有关龙泉宝剑文化的系列文章。◎5月，龙泉宝剑锻制技艺列入第一批浙江省非物质文化遗产代表作名录。◎7月，中央电视台第七频道"搜寻天下"栏目来龙泉正武刀剑锻造所拍摄专题片。◎9月，龙泉宝剑厂有限责任公司与金山软件公司合作，打造成功网络游戏《剑网2(剑侠情缘2)》中的9把绝世宝剑。◎著名导演张纪中到龙泉考察，将电视剧《碧血剑》中的碧血剑等4把宝剑交由龙泉宝剑厂有限责任公司打造。◎10月，周正武的八面汉剑等作品应邀参加澳门艺术博物馆举办的"百炼成钢"——当代国际铸刀大师艺术作品展。◎周正武的作品汉剑、狮剑等10件宝剑作品，作为当代龙泉宝剑精品，应邀在台湾科学工艺博物馆举办的古代兵器大展上展出。◎在2005杭州西湖博览会第六届中国工艺美术大师作品暨工艺美术精品博览会上，张叶胜的龙泉宝剑荣获2005"百花杯"中国工艺美术精品奖金奖。◎12月，由周正武创办的龙泉首家个人刀剑博物馆(筹)开馆。展出自春秋战国至清代的古刀剑，以及周正武制作的精品刀剑共100余件。◎龙泉宝剑行业协会召开第四次代表大会，季长强当选会长。◎千字号剑铺和龙泉宝剑厂被国家贸易部授牌命名为"中华老字号"。至此，龙泉共有4家老字号剑铺。◎12月30日至2006年1月6日，应台湾科学工艺博物馆的邀请，吴锦荣以龙泉宝剑专家身份，赴台进行为期8天的剑文化交流活动。

2006年 ◎2月，郑国荣的作品秦剑入藏中国人民革命军事博物馆。◎3月9日，挪威小伙子KENNETH(肯耐特、中文名飞洪)到龙泉正武刀剑锻造所学习中国传统铸剑技艺，在欧冶子将军庙举行了拜师仪式。◎3月，中央电视台经济生活频道"艺术品投资"栏目播出专题片《龙泉剑迷踪》。◎5月，龙泉宝剑锻制技艺列入首批国家级非物质文化遗产代表作名录。◎在第二届中国（深圳）国际文化产业博览会上，周正武的作品唐刀获中国工艺美术精品金奖。◎8月，浙江省人民政府授予陈阿金、季长强、张叶胜"浙江省工艺美术大师"荣誉称号。◎9月，中央电视台国际频道"走遍中国"栏目摄制组再次到龙泉，拍摄专题片《飞洪铸剑》，介绍挪威小伙子飞洪来龙泉拜师学艺的故事。◎9月，台湾铸剑名师郭常喜先生、著名刀剑研究专家林智隆先生来龙泉参观考察。◎11月29日，龙泉市召开宝剑产业发展座谈会，龙泉市委书记赵建林、市委常委洪起平、副市长曹新民出席会议，与龙泉宝剑界代表、研究人士和相关部门负责人齐聚一堂，共商龙泉宝剑产业发展大计。◎12月，陈阿金获"中国工艺美术大师"荣誉称号。◎12月21日，《南方周末》报的"'中国非物质文化遗产'系列报道之三"，刊登题为《龙泉问剑》的专文。

2007年 ◎2月，陈阿金的作品百寿百福剑入藏中国国家博物馆。2月8日，龙泉市召开青瓷宝剑工艺美术大师座谈会，龙泉宝剑界陈阿金、沈新培、季樟树、季长强、张叶胜等5位大师出席。◎3月，浙江电视台来龙泉拍摄文化专题片"丽水三宝"之一《龙泉宝剑》。◎4月1日至3日，丽水市人民政府组织在杭州浙江展览馆举办"丽水精品文化展"（丽水三宝）。龙泉宝剑大师陈阿金、沈新培、季长强、张叶胜的作品，还有10多家宝剑企业的精品参加展出。4月17日，龙泉文武武术学校编排的《龙泉剑法基本套路》，经浙江省武术专业委员会专家组审定通过。◎6月10日，文化部公布认定沈新培为第一批国家级非物质文化遗产项目代表性传承人。◎8月，中央电视台第七频道"乡土"栏目，来龙泉拍摄介绍中国工艺美术大师陈阿金的专题节目。◎9月，中央电视台经济生活频道"财富故事"栏目，在正武刀剑锻造所拍摄专题片《挪威小伙来学剑》。◎10月，在杭州西湖博览会第八届中国工艺美术大师作品暨工艺美术精品博览会上，胡小军、陈少卫的作品银丝铁装半包唐草纹清刀、郑国荣的作品陨石剑，双双获得2007"百花杯"中国工艺美术精品奖金奖。◎11月15日，2007第二届中国龙泉青瓷龙泉宝剑节隆重举行。开幕式上，龙泉市人民政府授予沈新培、陈阿金龙泉宝剑终身艺术成就奖。还举行赠剑仪式，海峡两岸铸剑名师陈阿金、郭常喜联手打造两把合璧剑，其中合璧喜剑赠龙泉博物馆收藏，合璧金剑将由台湾的博物馆收藏。（丽水电视台文化娱乐频道据此拍摄成《双剑合璧》专题片）。11月16日至18日举行龙泉宝剑名剑展，共展出古今龙泉宝剑精品共100余件。◎11月16日，龙泉市人民政府举办"古今剑韵"论坛。应邀参加的嘉宾有著名刀剑收藏家皇甫江先生、台湾著名刀剑研究专家林智隆先生、台湾著名铸剑大师郭常喜先生、上海公安高等专科学校武术教官傅伟敏先生、刀剑收藏家蒙军先生、施陆询国际贸易公司李济雷先生以及龙泉宝剑企业的代表共100余人。◎11月18日，龙泉市举行"万人舞剑"活动，在全市50多个分会场共24000多人同时共舞欧冶剑法。这一"万人舞剑"活动荣获上海大世界吉尼斯之最证书。

（说明：《龙泉宝剑大事记》中1956至1999年的内容，系根据政协龙泉市文史资料委员会编的《龙泉文史资料》第十七辑的内容，作了少量增补而成。）

主要参考文献

1. 周纬：《中国古兵器史稿》，三联书店，1957年。

2. 杨泓：《中国古代兵器论丛》，文物出版社，1980年。

3. 杨宽：《中国古代冶铁技术发展史》，上海人民出版社，1982年。

4. 成东、钟少异：《中国古代兵器图集》，解放军出版社，1990年。

5. 中国古代兵器编纂委员会：《中国古代兵器》，陕西人民出版社，1995年。

6. 华觉民：《中国古代金属技术》，大象出版社，1999年。

7. （明）熊子臣、何镗纂修：《括苍汇记》，南京图书馆藏明万历七年刻本。

8. 清光绪《龙泉县志》，台湾成文出版社，据光绪四年刊本影印。

9. 浙江通志馆编纂：《（民国）重修浙江通志稿》，1983年浙江图书馆誊印本。

10. 浙江省龙泉县志编纂委员会：《龙泉县志》，汉语大词典出版社，1994年。

11. 政协龙泉市文史资料委员会：《龙泉文史资料》第十七辑《龙泉宝剑》。

12. 吴锦荣：《霜雪龙泉剑》，浙江摄影出版社，2004年。

后记

　　2007年5月，应龙泉市文化广电新闻出版局之邀，我欣然接受"浙江省非物质文化遗产代表作丛书"之一《龙泉宝剑锻制技艺》的撰写工作。与许多传统手工技艺一样，有着2500多年历史的龙泉宝剑锻制技艺，历来是通过家族、父子或师徒的口授身教传承的，许多宝贵的技艺经验和绝技绝活，通过制剑匠师们递代相传，但尚未进行过系统地整理和研究。为此，我多次走访龙泉宝剑艺人、民间老铁匠，备感龙泉宝剑锻制技艺精湛，历史文化底蕴丰厚，体现了无数代龙泉制剑匠师们的伟大创造力和智慧。

　　龙泉市委、市政府对本书的编写工作高度重视，市文化广电新闻出版局、市财政局联合成立了由有关领导和专家组成的编委会，得到黄国勇、吴旭文两位局长的大力支持和指导。周晓峰副局长在百忙中拨冗通读书稿，提出了宝贵的修改意见。首批国家级非物质文化遗产代表作传承人沈新培、中国工艺美术大师陈阿金以及龙泉铸剑名师季长强、张叶胜、周正武、郑国荣、朱建林、季忠等人对我们的采访和调查，给予大力协助。沈新培和周正武两人还审阅了书稿中有关制剑技艺的部分章节，提出了宝贵的意见。龙泉市文化馆金成树先生拍摄和提供了大部分照片。还有许多社会人士提供无私的帮助，在此一并致以谢忱！

本书的编写过程，更是一次学习机会，尽管尚不能充分反映龙泉宝剑锻制技艺的丰厚内容，但毕竟有了一个开始。因本人学识和水平所限，如书中有不足之处，敬请方家和广大读者批评指正。希望随着非物质文化遗产保护工作的深入开展，进一步加强对龙泉宝剑锻制技艺的挖掘、整理和研究，使之惠及当代，传之后人。

吴锦荣

2008年春节于龙泉古剑斋

出 版 人　蒋　恒
项目统筹　石英飞
责任编辑　方　妍
装帧设计　任惠安
责任校对　钱锦生

装帧顾问　张　望

图书在版编目（ＣＩＰ）数据

龙泉宝剑锻制技艺／吴锦荣编著.－杭州：浙江摄影出版社，2008.5（2023.1重印）
（浙江省非物质文化遗产代表作丛书／杨建新主编）
ISBN 978－7－80686－624－5

Ⅰ.龙…　Ⅱ.吴…　Ⅲ.宝剑－锻造－工艺学－龙泉市
Ⅳ.J526.9 K876.4

中国版本图书馆CIP数据核字（2008）第030353号

龙 泉 宝 剑 锻 制 技 艺

吴锦荣 编著

出版发行 浙江摄影出版社
　　　　　　地址　杭州市体育场路347号
　　　　　　邮编　310006
　　　　　　网址　www.photo.zjcb.com
　　　　　　电话　0571－85170300－61009
　　　　　　传真　0571－85159574
经　　销 全国新华书店
制　　版 浙江新华图文制作有限公司
印　　刷 廊坊市印艺阁数字科技有限公司
开　　本 960mm×1270mm　1/32
印　　张 5.75
2008年5月第1版　2023年1月第3次印刷
ISBN 978－7－80686－624－5

定　　价 46.00元